영재교육원,
준비를 위한

사고력

초등수학

팩토

Lv. **1**

응용 **B**

규칙 · 기하 · 문제해결력

머리말

"

서로 다른 펜토미노 조각 퍼즐을 맞추어
직사각형 모양을 만들어 본 경험이 있는지요?

한참을 고민하여 스스로 완성한 후 느끼는 행복은 꼭 말로 표현하지 않아도 알겠지요.
퍼즐 놀이를 했을 뿐인데, 여러분은 펜토미노 12조각을 어느 사이에 모두 외워버리게
된답니다. 또 보도블록을 보면서 조각 맞추기를 하고, 화장실 바닥과 벽면의 조각들을
보면서 멋진 퍼즐을 스스로 만들기도 한답니다.
이 과정에서 공간에 대한 감각과 또 다른 퍼즐 문제, 도형 맞추기, 도형 나누기 에 대한
자신감도 생기게 되지요. 완성했다는 행복감보다 더 큰 자신감과 수학에 대한 흥미가
생기게 되는 것입니다.

팩토가 만드는 창의사고력 수학은 바로 이런 것입니다.

수학 문제를 한 문제 풀었을 뿐인데, 그 결과는 기대 이상으로 여러분을 행복하게
해줍니다. 학교에서도 친구들과 다른 멋진 방법으로 문제를 해결할 수 있고, 중학생이
되어서는 더 큰 꿈을 이루는 밑거름이 되어 줄 것입니다.
물론 고민하고, 시행착오를 반복하는 것은 퍼즐을 맞추는 것과 같이 어러분들의
몫입니다. 팩토는 여러분에게 생각할 수 있는 기회를 주고, 그 과정에서 포기하지
않도록 여러분들을 도와주는 친구가 되어줄 것입니다.
자 그럼 시작해 볼까요?

"

Contents

Ⅰ 규칙

1 규칙 ———————————————— 8

2 이중 규칙 ———————————————— 14

3 수 규칙 ———————————————— 20

4 유비 추론 ———————————————— 26

Ⅱ 기하

1 모양 만들기 ———————————————— 38

2 모양 나누기 ———————————————— 44

3 모양 겹치기 ———————————————— 50

4 거울에 비친 모양 ———————————————— 56

Ⅲ 문제해결력

1 주고 받기 ———————————————— 68

2 그림 그려 해결하기 ———————————————— 74

3 문제 만들기 ———————————————— 80

4 2가지 기준으로 표 만들어 해결하기 ——— 86

구성과 특징

📖 팩토를 공부하기 前 » 진단평가

진단평가
바로가기

1. 매스티안 홈페이지 www.mathtian.com의 교재 자료실에서 해당 학년의 진단평가 시험지와 정답지를 다운로드 하여 출력한 후 정해진 시간 안에 풀어 봅니다.

2. 학부모님 또는 선생님이 정답지를 참고하여 채점하고 채점한 결과를 홈페이지에 입력한 후 팩토 교재 추천을 받습니다.

📖 팩토를 공부하는 방법

① 대표 유형 익히기

각종 경시대회, 영재교육원 기출 유형을 대표 문제로 소개하며 사고의 흐름을 단계별로 전개하였습니다.

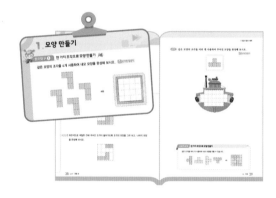

② 유형 익히기

대표 유형의 핵심 원리를 제시하였고, 확인 학습을 통해 유형을 익히고 다지도록 하였습니다.

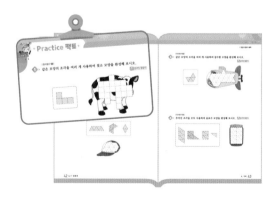

③ 실력 키우기

다양한 통합형 문제를 빠짐없이 수록하여 내실있는 마무리 학습을 제공합니다.

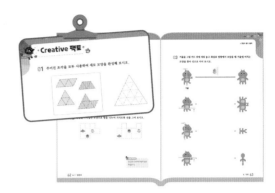

④ 영재교육원 다가서기

경시대회는 물론 새로워진 영재교육원 선발 문제인 영재성 검사를 경험할 수 있는 개방형, 다답형 문제를 담았습니다.

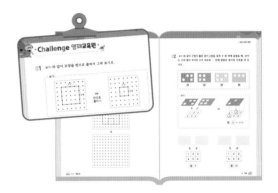

⑤ 명확한 정답 & 친절한 풀이

채점하기 편하게 직관적으로 정답을 구성하였고, 틀린 문제를 이해하거나 다양한 접근을 할 수 있도록 친절하게 풀이를 담았습니다.

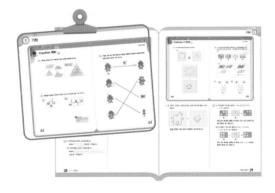

📖 팩토를 공부하고 난 後 » 형성평가·총괄평가

1️⃣ 팩토 교재의 부록으로 제공된 형성평가와 총괄평가를 정해진 시간 안에 풀어 봅니다.

2️⃣ 학부모님 또는 선생님이 정답지를 참고하여 채점하고 채점한 결과를 매스티안 홈페이지 www.mathtian.com에 입력한 후 학습 성취도와 다음에 공부할 팩토 교재 추천을 받습니다.

I

규칙

 **학습 Planner**

계획한 대로 공부한 날은 😃 에, 공부하지 못한 날은 😟 에 ○표 하세요.

공부할 내용	공부할 날짜		확 인	
1 규칙	월	일	😃	😟
2 이중 규칙	월	일	😃	😟
3 수 규칙	월	일	😃	😟
4 유비 추론	월	일	😃	😟
Creative 팩토	월	일	😃	😟
Challenge 영재교육원	월	일	😃	😟

1. 규칙

규칙에 따라 🔲 안에 알맞은 모양이나 글자를 써넣으시오.

> **STEP 1** 반복되는 부분을 찾아 ⬭로 묶어 보시오.

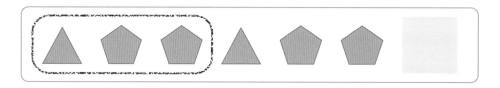

> **STEP 2** STEP 1의 반복되는 부분을 보고 🔲 안에 알맞은 모양이나 글자를 써넣으시오.

유제 규칙에 따라 ■ 안에 알맞은 모양이나 글자를 써넣으시오.

아 시 아 아 시 아 아 시 아

Lecture 반복 규칙

규칙적으로 나열된 모양에서 규칙을 찾아 색깔, 모양, 크기 등의 반복되는 부분을 찾을 수 있습니다.

➡ 색깔이 ▨, ▨, ▨으로 반복됩니다.

➡ 모양이 □, △, □으로 반복됩니다.

규칙을 찾아 마지막 모양에 알맞게 색칠해 보시오.

> **STEP 1** 이라고 할 때, 색칠되지 <u>않은</u> 칸에 숫자 1, 2, 3…을 순서대로 써넣으시오.

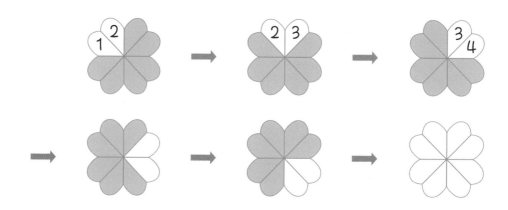

> **STEP 2** **STEP 1** 에서 찾은 규칙에 따라 마지막 모양에 알맞게 색칠해 보시오.

유제 규칙을 찾아 마지막 모양에 알맞게 색칠해 보시오.

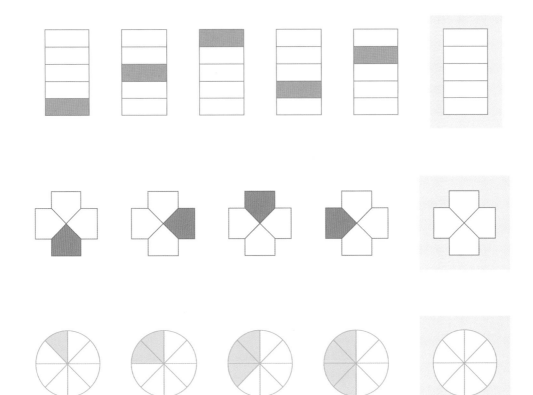

Lecture   회전 규칙

모양이 시계 방향 또는 시계 반대 방향으로 일정한 규칙에 따라 회전하는 규칙을 회전 규칙이라고 합니다.

규칙 $\begin{smallmatrix} 1 & 2 \\ 4 & 3 \end{smallmatrix}$ 라고 할 때, 색칠한 부분이 1 → 2 → 3 → 4의 순서를 반복하면서 이동합니다.

→

| 원리탐구 ❶ |

1 규칙에 따라 █ 안에 알맞은 모양이나 숫자를 써넣으시오.

| 원리탐구 ❷ |

2 규칙을 찾아 마지막 모양에 알맞게 색칠해 보시오.

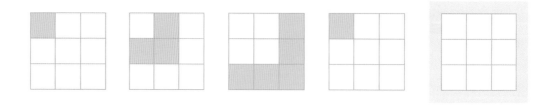

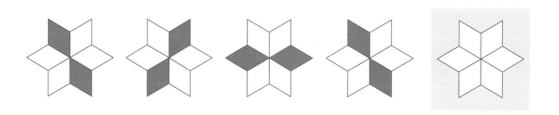

| 원리탐구❶ |

3> 규칙에 따라 ■ 안에 알맞은 모양을 그려 보시오.

| 원리탐구❷ |

4> 규칙을 찾아 마지막 모양에 알맞게 색칠해 보시오.

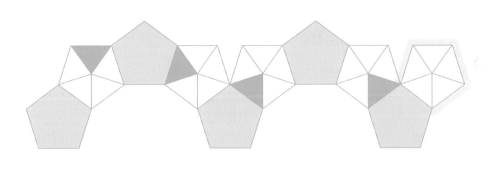

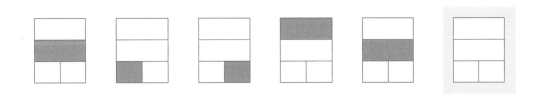

2. 이중 규칙

규칙에 따라 ▨ 안에 알맞은 그림을 그려 보시오.

›STEP 1 빈칸에 알맞은 모양을 그려 보시오.

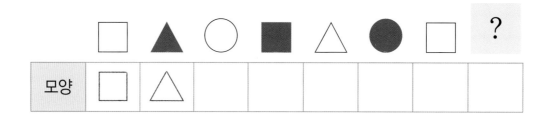

모양	□	△						

›STEP 2 빈칸에 알맞은 색깔을 써넣으시오.

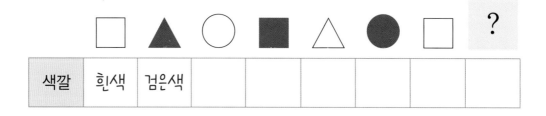

색깔	흰색	검은색						

›STEP 3 STEP 1과 STEP 2에서 찾은 규칙에 맞게 ▨ 안에 알맞은 그림을 그려 보시오.

유제 규칙에 따라 ? 안에 알맞은 것을 찾아 ○표 하시오.

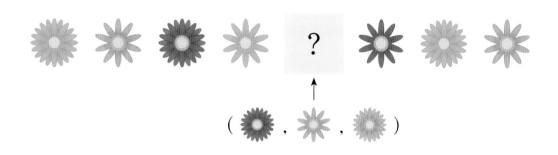

Lecture 이중 규칙 (1)

모양과 색깔이 반복되어 나타나는 것을 보고 규칙을 찾아봅니다.

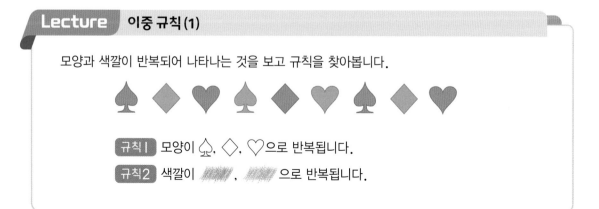

규칙1 모양이 ♤, ◇, ♡으로 반복됩니다.

규칙2 색깔이 //////, ///// 으로 반복됩니다.

규칙에 따라 바둑돌을 늘어놓을 때, 여섯째 번 모양에 알맞은 바둑돌을 그려 보시오.

| 첫째 번 | 둘째 번 | 셋째 번 | 넷째 번 | 다섯째 번 | 여섯째 번 |

› STEP 1 빈칸에 알맞은 개수를 써넣으시오.

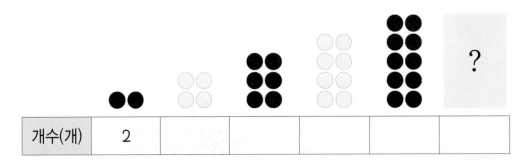

개수(개)	2					

› STEP 2 빈칸에 알맞은 색깔을 써넣으시오.

색깔	검은색					

› STEP 3 STEP 1과 STEP 2에서 찾은 규칙에 맞게 여섯째 번 모양에 알맞은 바둑돌을 그려 보시오.

▶ 정답과 풀이 6쪽

유제 규칙에 따라 빈 곳에 알맞게 색칠하거나 그려 보시오.

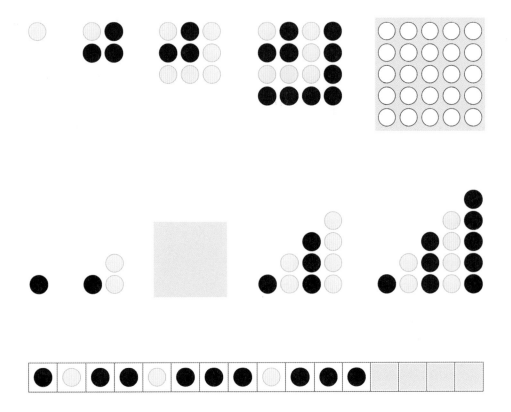

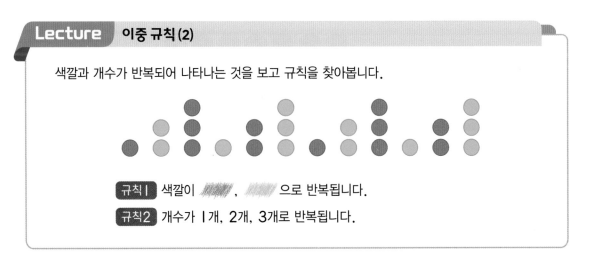

Lecture 이중 규칙 (2)

색깔과 개수가 반복되어 나타나는 것을 보고 규칙을 찾아봅니다.

규칙1 색깔이 [보라], [연두] 으로 반복됩니다.

규칙2 개수가 1개, 2개, 3개로 반복됩니다.

| 원리탐구 ❶ |

1 규칙에 따라 ? 안에 알맞은 모양을 찾아 기호를 써 보시오.

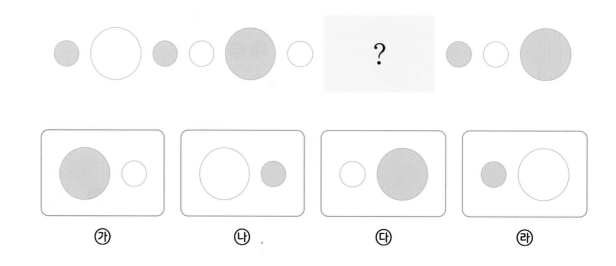

| 원리탐구 ❷ |

2 규칙에 따라 바둑돌을 늘어놓을 때, 여섯째 번 줄에는 무슨 색 바둑돌이 몇 개 놓이는지 구해 보시오.

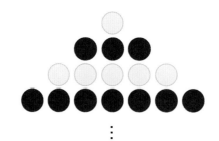

› 정답과 풀이 7쪽

| 원리탐구 ❶ |

3 › 규칙에 따라 단추를 늘어놓을 때, ? 안에 알맞은 단추의 모양을 찾아 ○표 하시오.

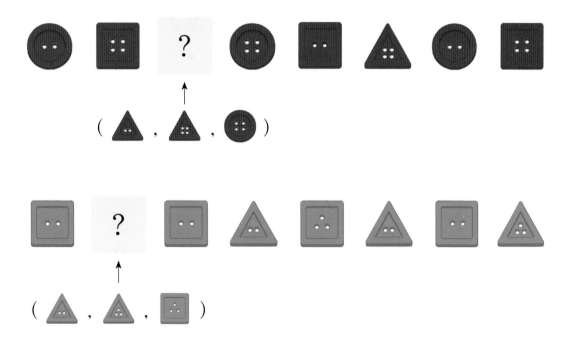

| 원리탐구 ❷ |

4 › 규칙에 따라 바둑돌을 늘어놓을 때, ▨ 안에 알맞은 바둑돌을 그려 보시오.

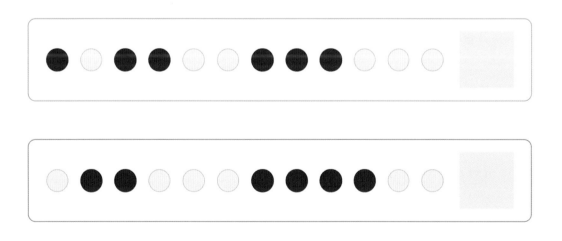

3. 수 규칙

두 깃발에 적힌 수의 규칙이 같을 때, 예지가 가진 깃발에 적힌 수를 완성해 보시오.

은우   예지

▶ STEP 1 은우가 가진 깃발에 적힌 수는 몇씩 커지는지 알아보시오.

$$1 \quad 4 \quad 7 \quad 10 \quad 13$$

$$+ \ 3 \quad + \ \boxed{} \quad + \ \boxed{} \quad + \ \boxed{}$$

▶ STEP 2 STEP 1의 결과를 보고 ▢ 안에 알맞은 수를 써넣으시오.

예지가 가진 깃발에 적힌 수는 은우가 가진 깃발에 적힌 수의 규칙과

같으므로 ▢ 씩 커집니다.

▶ STEP 3 예지가 가진 깃발에 적힌 수를 완성해 보시오.

5   8

유제 규칙을 찾아 ▨ 안에 알맞은 수를 써넣으시오.

> 3, 7, 11, 15, 19, 23, 27, ▨ ···

규칙 ▨ 씩 커집니다.

> 25, 22, 19, ▨ , 13, 10, 7, 4, 1

규칙 ▨ 씩 작아집니다.

> 1, 2, 4, 7, 11, 16, 22, ▨ , 37···

규칙 이웃한 두 수의 차가 1씩 커집니다.

Lecture 수 규칙

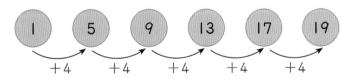

➡ 4씩 커지는 규칙입니다.

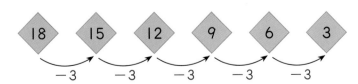

➡ 3씩 작아지는 규칙입니다.

규칙을 찾아 퍼즐의 빈 곳에 알맞은 수를 써넣으시오.

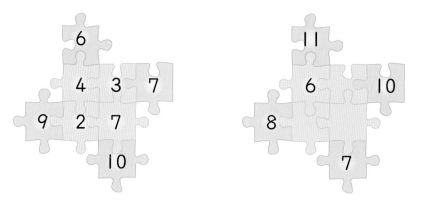

> **STEP 1** 퍼즐의 규칙을 찾아 □ 안에 알맞은 수를 써넣으시오.

$$2 + 4 = 6$$

$$4 + 3 = \boxed{}$$

$$\boxed{} + \boxed{} = \boxed{}$$

$$\boxed{} + \boxed{} = \boxed{}$$

> **STEP 2** **STEP 1**에서 찾은 규칙에 따라 퍼즐의 빈 곳에 알맞은 수를 써넣으시오.

▶ 정답과 풀이 9쪽

유제▷ 규칙을 찾아 빈 곳에 알맞은 수를 써넣으시오.

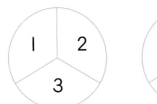   

 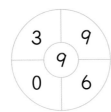  

Lecture 도형 수 규칙

도형 안의 수들을 관찰하여 수의 규칙을 찾아봅니다.

$1+2+3=6$ $\qquad$ $4+6+2=12$ $\qquad$ $3+2+5=10$

➡ 가운데 색칠된 칸의 수는 나머지 세 수의 합입니다.

| 원리탐구 ❶ |

1 › 규칙을 찾아 징검다리에 알맞은 수를 써넣으시오.

| 원리탐구 ❷ |

2 › 규칙을 찾아 빈 곳에 알맞은 수를 써넣으시오.

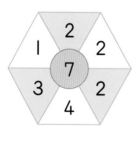

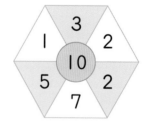

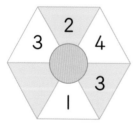

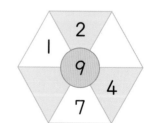

▶ 정답과 풀이 **10**쪽

|원리탐구❶|

3 ▶ 일정한 규칙에 따라 수를 늘어놓을 때, 여섯째 번에 알맞은 수를 써넣으시오.

첫째 번 · · · 둘째 번 · · · 셋째 번 · · · 넷째 번 · · · 여섯째 번

|원리탐구❷|

4 ▶ 규칙을 찾아 돌림판의 빈 곳에 알맞은 수를 써넣으시오.

원리탐구 ❶ 언어 유비 추론

왼쪽 두 그림 사이의 관계를 보고, ? 안에 알맞은 그림을 찾아 기호를 써 보시오.

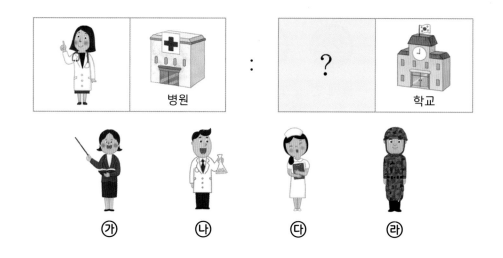

> **STEP 1** 두 그림 사이의 관계를 보고, 알맞은 말에 ◯표 하시오.

의사 선생님은 병원에서 (환자를 치료합니다, 그림을 그립니다).

> **STEP 2** STEP1에서 찾은 관계와 같아지도록 ? 안에 알맞은 그림을 찾아 기호를 써 보시오.

유제 빈칸에 알맞은 단어를 써넣으시오.

소	송아지	:	개	

학교	학생	:		환자

	바나나	:	빨간색	딸기

Lecture **언어 유비 추론**

왼쪽 두 그림 사이의 관계를 보고, ☐ 안에 올 그림을 예상할 수 있습니다.

 :

머리에 모자를 씁니다.　　　　　　발에 신발을 신습니다.

 :

병아리는 자라서 닭이 됩니다.　　　올챙이는 자라서 개구리가 됩니다.

왼쪽 두 도형의 변화를 관찰하여 ☐ 안에 알맞은 모양을 그려 보시오.

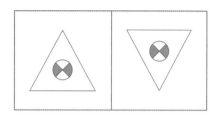 :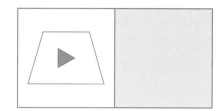

STEP 1 두 도형을 비교하여 무엇이 바뀌어졌는지 알맞은 말에 ○표 하시오.

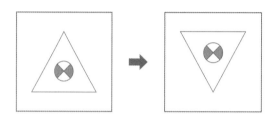

- 안에 있는 모양은 바뀐게 (있습니다, 없습니다).
- 밖에 있는 모양은 (왼쪽과 오른쪽, 위와 아래)의 모양이 바뀌었습니다.

STEP 2 **STEP 1**에서 찾은 규칙에 맞게 ☐ 안에 알맞은 모양을 그려 보시오.

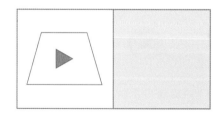

유제 ▶ 두 도형의 변화를 관찰하여 빈칸에 알맞은 모양을 그려 보시오.

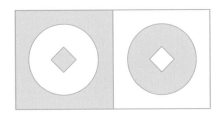 :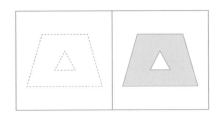

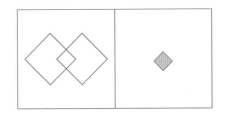 :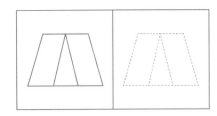

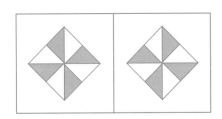 :

Lecture **도형 유비 추론**

왼쪽의 두 도형의 변화를 관찰하여 ▢ 안에 올 모양을 예상할 수 있습니다.

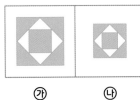 :

㉮ 모양보다 ㉯ 모양의
크기가 작습니다.

㉰ 모양보다 ㉱ 모양의
크기가 작습니다.

|원리탐구 ❶|

1 관계없는 단어를 찾아 ○표 하시오.

가스레인지	숟가락
냉장고	냄비
식탁	탬버린

사과	토마토
장미	치즈
소방차	딸기

|원리탐구 ❷|

2 빈칸에 알맞은 단어나 모양을 써넣으시오.

태양	선글라스	:	비	

□	공책	:		동전

| 원리탐구 ❶ |

3 왼쪽 두 도형의 변화를 관찰하여 빈칸에 알맞은 그림을 찾아 기호를 써보시오.

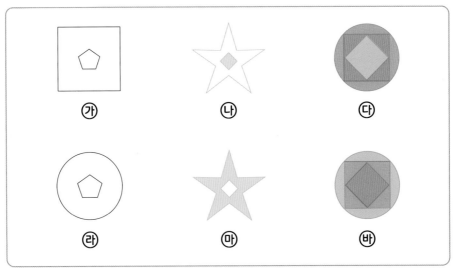

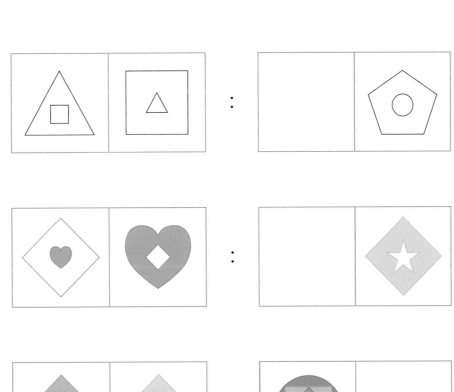

Creative 팩토

01 규칙에 따라 바둑돌 I5개를 늘어놓을 때, I5개 중 검은색 바둑돌은 몇 개인지 각각 구해 보시오.

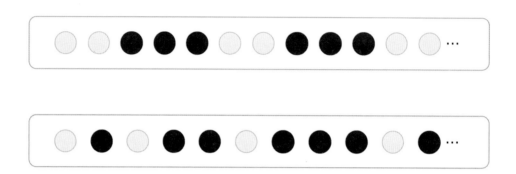

02 규칙을 찾아 마지막 모양을 완성해 보시오.

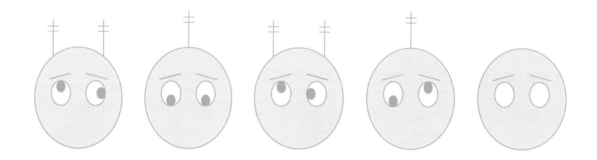

03 규칙을 찾아 빈 곳에 알맞은 그림을 그려 보시오.

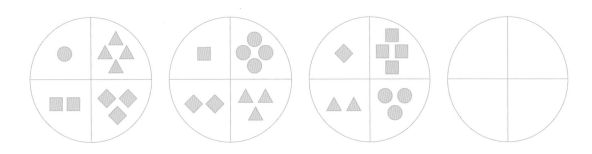

04 규칙에 따라 마지막 모양에 알맞게 색칠해 보시오.

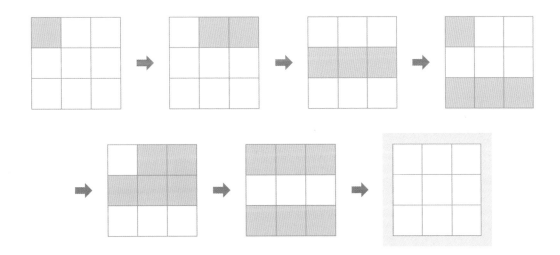

01 빈칸에 들어갈 수 있는 그림을 찾아 알맞은 기호를 써넣으시오.

㉮   ㉯   ㉰   ㉱

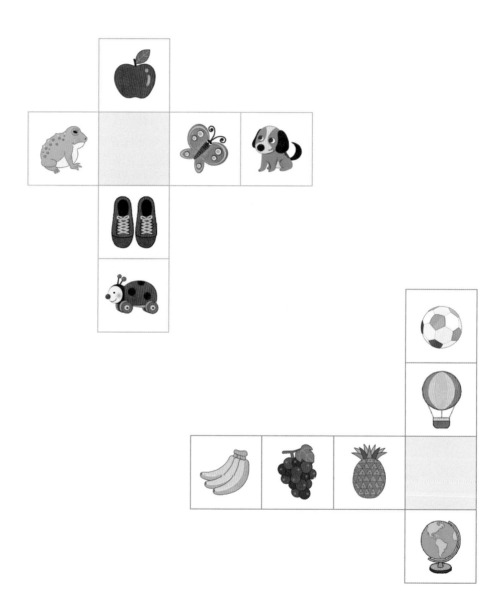

02 규칙에 맞게 반복되는 모양을 그려 보시오. (단, 모양은 8개씩 그립니다.)

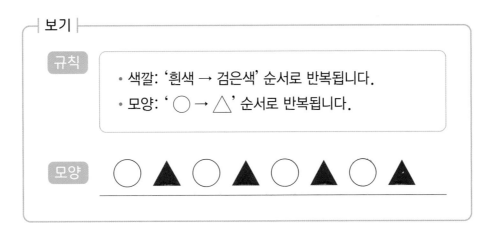

┤ 보기 ├

규칙

• 색깔: '흰색 → 검은색' 순서로 반복됩니다.
• 모양: ' ○ → △ ' 순서로 반복됩니다.

모양

규칙

• 모양: ' □ → ○ ' 순서로 반복됩니다.
• 크기: '크다 → 작다' 순서로 반복됩니다.

모양

규칙

• 모양: ' △ → □ ' 순서로 반복됩니다.
• 색깔: '검은색 → 흰색 → 흰색' 순서로 반복됩니다.

모양

II

기하

학습 Planner

계획한 대로 공부한 날은 😃 에, 공부하지 못한 날은 😞 에 ○표 하세요.

공부할 내용	공부할 날짜		확 인	
1 모양 만들기	월	일	😃	😞
2 모양 나누기	월	일	😃	😞
3 모양 겹치기	월	일	😃	😞
4 거울에 비친 모양	월	일	😃	😞
Creative 팩토	월	일	😃	😞
Challenge 영재교육원	월	일	😃	😞

원리탐구 ① 한 가지 조각으로 모양 만들기

같은 모양의 조각을 4개 사용하여 네모 모양을 완성해 보시오.  온라인 활동지

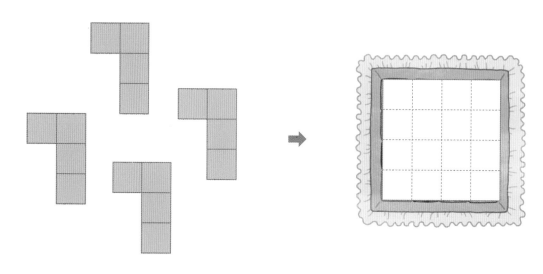

STEP 1 조각 1개를 다음과 같이 놓았을 때 노란색으로 색칠한 칸에 주어진 조각이 들어가도록 조각의 모양을 그려 보시오.

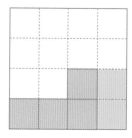

STEP 2 파란색으로 색칠한 칸에 주어진 조각이 들어가도록 조각의 모양을 그려 보고, 나머지 모양을 완성해 보시오.

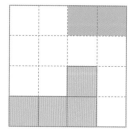

유제 같은 모양의 조각을 여러 개 사용하여 주어진 모양을 완성해 보시오.

🖨 온라인 활동지

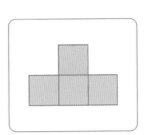

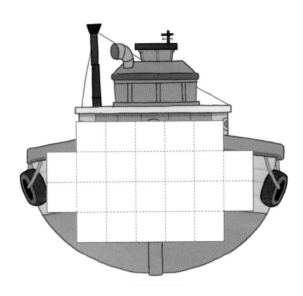

Lecture 한 가지 조각으로 모양 만들기

같은 조각을 여러 개 사용하여 네모 모양을 만들 수 있습니다.

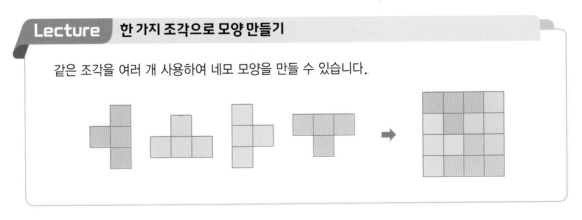

주어진 조각을 모두 사용하여 티셔츠 모양을 완성해 보시오.  온라인 활동지

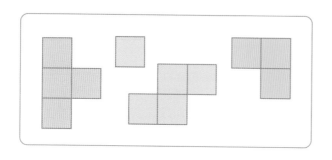

▶ **STEP 1** 조각이 들어가야 할 곳을 찾아 조각의 모양을

그려 보시오.

▶ **STEP 2** 나머지 조각을 모두 넣어 티셔츠 모양을 완성해

보시오.

유제 주어진 조각을 모두 사용하여 토끼 모양을 완성해 보시오. 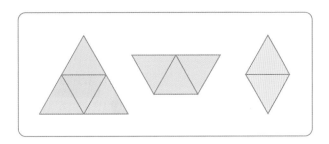 온라인 활동지

Lecture **여러 가지 조각으로 모양 만들기**

여러 가지 조각으로 네모 모양을 만들 수 있습니다.

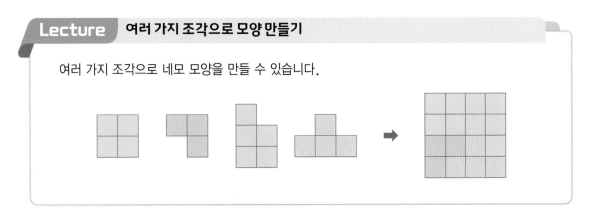

Practice 팩토

|원리탐구❶|

1〉 같은 모양의 조각을 여러 개 사용하여 젖소 모양을 완성해 보시오.

🖨 온라인 활동지

|원리탐구❷|

2〉 주어진 조각을 모두 사용하여 모자 모양을 완성해 보시오. 🖨 온라인 활동지

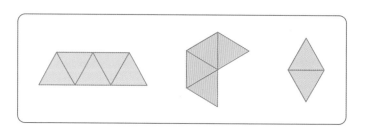

> 정답과 풀이 **18쪽**

| 원리탐구 ❶ |

3 같은 모양의 조각을 여러 개 사용하여 잠수함 모양을 완성해 보시오.

온라인 활동지

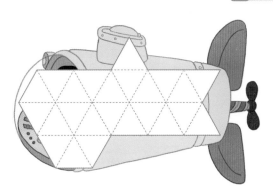

| 원리탐구 ❷ |

4 주어진 조각을 모두 사용하여 음료수 모양을 완성해 보시오. 온라인 활동지

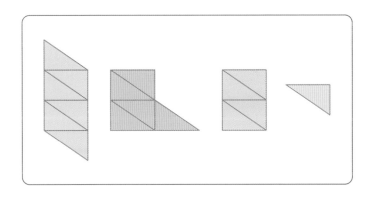

2. 모양 나누기

원리탐구 ❶ 3개씩 묶기 퍼즐

사탕이 남지 않도록 가로 또는 세로 방향으로 3개씩 모두 묶어 보시오.

> **STEP 1** 🌀 를 넣어서 가로 또는 세로 방향으로 3개씩 묶어 보시오.

> **STEP 2** **STEP 1**에서 남은 사탕을 3개씩 모두 묶어 보시오.

❯ 정답과 풀이 **19**쪽

유제 도토리가 남지 않도록 가로 또는 세로 방향으로 3개씩 모두 묶어 보시오.

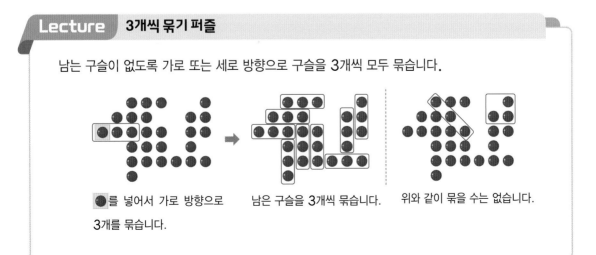

Lecture   **3개씩 묶기 퍼즐**

남는 구슬이 없도록 가로 또는 세로 방향으로 구슬을 3개씩 모두 묶습니다.

● 를 넣어서 가로 방향으로 3개를 묶습니다.

남은 구슬을 3개씩 묶습니다.

위와 같이 묶을 수는 없습니다.

강아지와 고양이가 똑같은 모양으로 땅을 나누어 가지려고 합니다. 4가지 방법으로 나누어 보시오.

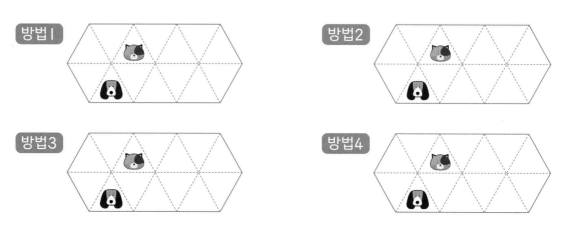

> STEP 1 똑같은 모양으로 땅을 나누려면 몇 칸씩 나누어야 합니까?

> STEP 2 선을 그어 같은 모양 2개가 되도록 4가지 방법으로 나누어 보시오.

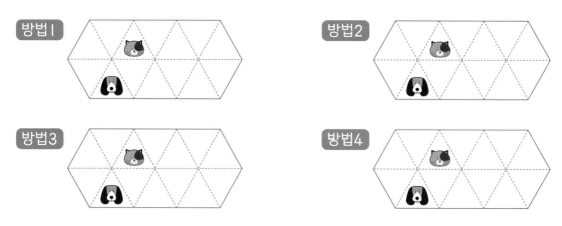

유제 새 2마리가 똑같은 모양으로 땅을 나누어 가지려고 합니다. 3가지 방법으로 나누어 보시오.

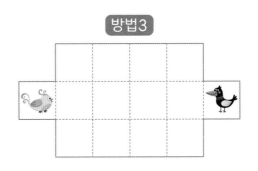

Lecture   같은 모양으로 나누기

8칸짜리 땅을 원숭이와 돼지가 똑같은 모양으로 나누어 가지려면 땅을 4칸씩 나누어야 합니다. 같은 모양으로 땅을 나누는 방법은 여러 가지가 있습니다.

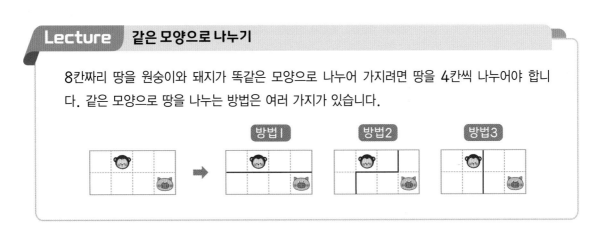

1 가로 또는 세로 방향으로 3개씩 모두 묶어 보시오.

|원리탐구❷|

2▸ 똑같은 모양 2개가 되도록 6가지 방법으로 나누어 보시오.

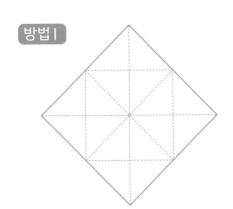

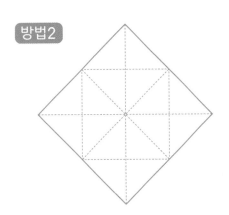

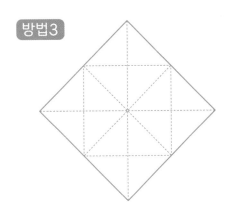

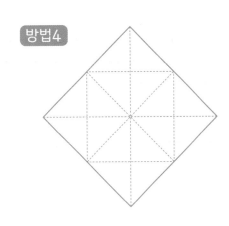

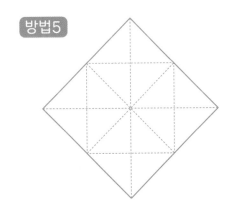

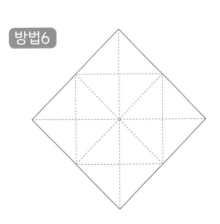

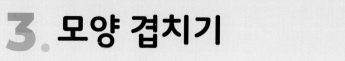

원리탐구 ❶ 그림 만들기

주어진 그림을 만들기 위해 필요한 투명 카드 2장을 찾아 기호를 써 보시오.

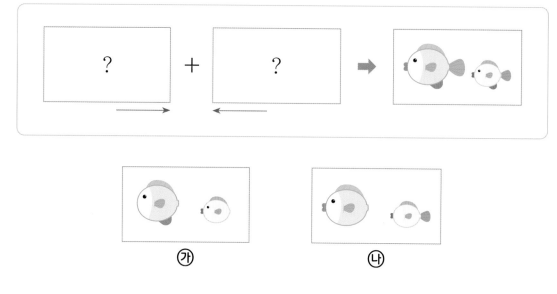

> STEP 1 큰 물고기를 만들기 위해 필요한 투명 카드 2장을 찾아 기호를 써 보시오.

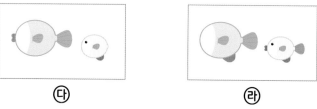

> STEP 2 STEP1에서 고른 것 중에서 작은 물고기를 만들 수 있는 것을 찾아 기호를 써 보시오.

▷ 정답과 풀이 **22**쪽

유제 주어진 그림을 만들기 위해 필요한 투명 카드 2장을 찾아 기호를 써 보시오.

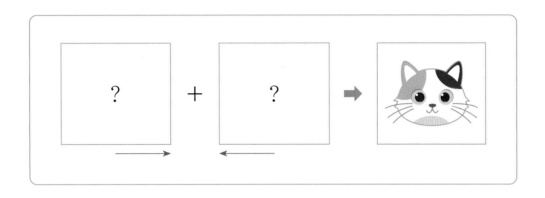

㉮

㉯

㉰

㉱

Lecture 그림 만들기

그림이 그려진 투명 카드 2장을 겹치면 새로운 그림을 만들 수 있습니다.

투명 카드 2장을 겹쳐 오른쪽 모양을 만들려고 합니다. 알맞은 투명 카드를 찾아 기호를 써 보시오.

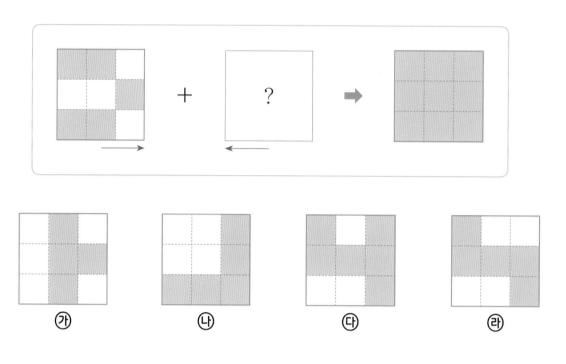

> STEP 1 ▨ 카드에는 색칠되어 있지 않은 칸이 있습니다. ? 카드에 반드시 색칠되어 있어야 할 칸을 찾아 색칠해 보시오.

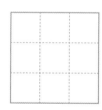

> STEP 2 STEP1에서 찾은 칸이 색칠된 투명 카드를 찾아 기호를 써 보시오.

유제 투명 카드 2장을 겹쳐 오른쪽 모양을 만들려고 합니다. 필요한 투명 카드 2장을 찾아 번호를 써 보시오.

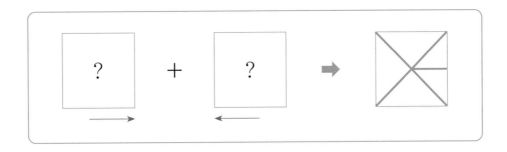

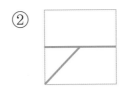

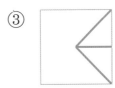

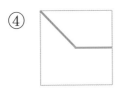

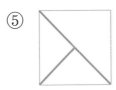

Lecture **투명 카드 겹치기**

투명 카드 2장을 겹쳤을 때 다른 위치의 모양은 모두 보입니다.

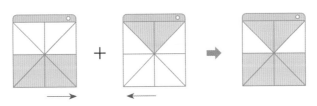

투명 카드 2장을 겹쳤을 때 같은 위치의 모양은 하나로 보입니다.

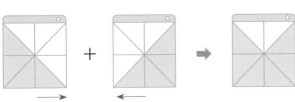

|원리탐구❶|

1 투명 종이 2장을 겹쳐 주어진 그림을 만들려고 합니다. 필요한 투명 종이 2장을 찾아 기호를 써 보시오.

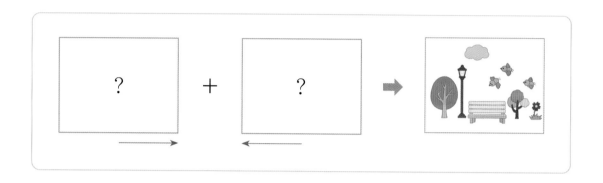

㉮   ㉯   ㉰   ㉱

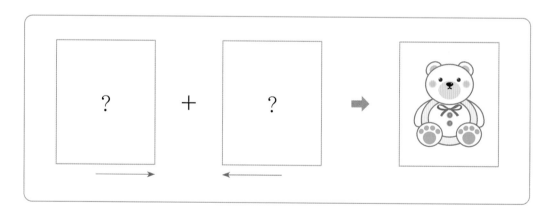

㉮   ㉯   ㉰   ㉱

|원리탐구 ❷ |

2 ▸ 투명 카드 3장을 겹쳤을 때 나타나는 모양을 그려 보시오.

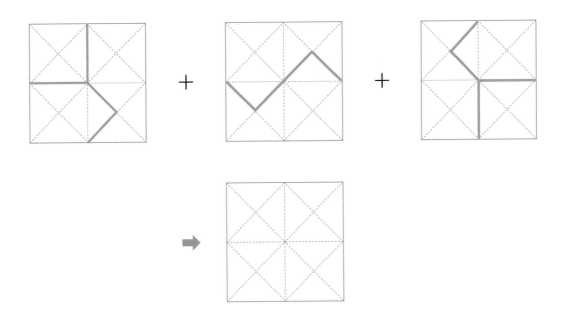

|원리탐구 ❷ |

3 ▸ 점선을 따라 투명 종이를 접었을 때 나타나는 모양을 그려 보시오.

4. 거울에 비친 모양

그림의 오른쪽에 거울을 세워 놓고 보았을 때 거울에 비친 모양을 그려 보시오.

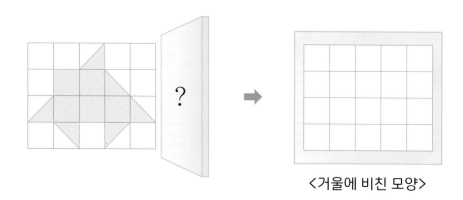

〈거울에 비친 모양〉

> STEP 1 빨간색으로 색칠한 부분을 거울에 비쳤을 때의 모양을 그려 보시오.

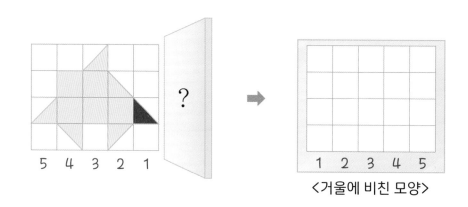

〈거울에 비친 모양〉

> STEP 2 STEP 1의 나머지 부분을 그려 거울에 비친 모양을 완성해 보시오.

〈거울에 비친 모양〉

유제 그림의 오른쪽에 거울을 세워 놓고 보았을 때 어떤 모양이 나타나는지 그려 보시오.

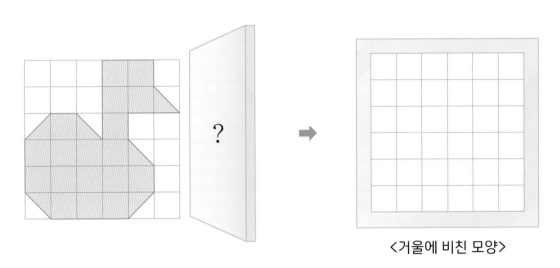

〈거울에 비친 모양〉

Lecture 거울에 비친 모양 그리기

그림의 오른쪽에 거울을 세워 놓고 보았을 때의 거울에 비친 모양을 그릴 때는 거울에서 가장 가까운 부분부터 차례대로 그립니다.

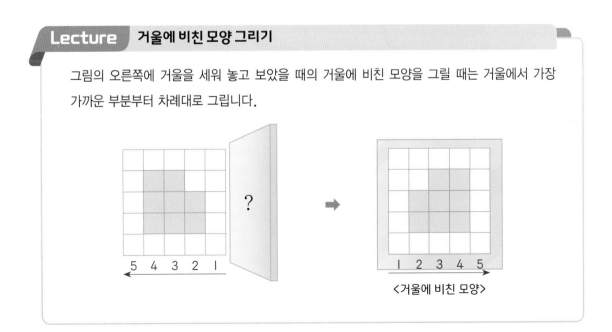

〈거울에 비친 모양〉

그림 카드의 오른쪽에 거울을 세워 놓고 보았을 때 거울에 비친 모양은 어느 것인지 찾아 기호를 써 보시오.

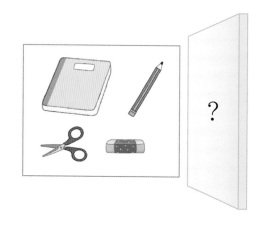

㉮

㉯

㉰

㉱

▶ STEP 1 빈칸에 거울에 비친 물건의 이름을 써 보시오.

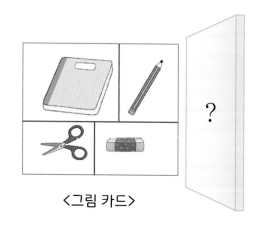
〈그림 카드〉

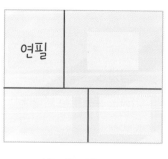
〈거울에 비친 모양〉

▶ STEP 2 거울에 비친 모양을 찾아 기호를 써 보시오.

유제 그림 카드의 오른쪽에 거울을 놓고 보았을 때의 모양이 다음과 같습니다. 그림 카드의 모양을 찾아 기호를 써 보시오.

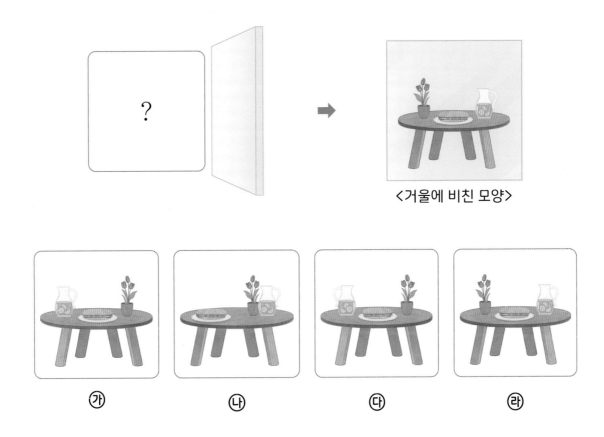

<거울에 비친 모양>

㉮　　㉯　　㉰　　㉱

Lecture 거울에 비친 모양

그림 카드의 오른쪽에 거울을 세워 놓고 보았을 때 거울에 비친 모양은 왼쪽과 오른쪽이 서로 바뀝니다.

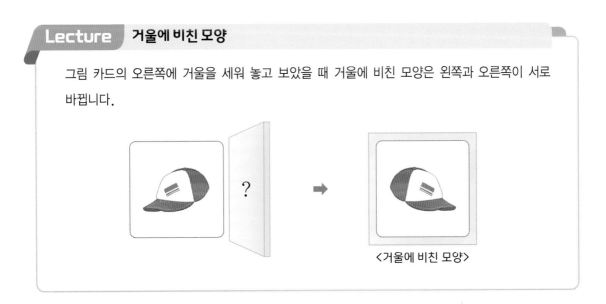

<거울에 비친 모양>

| 원리탐구 ❶ |

1   다음과 같이 거울을 그림의 위쪽에 세워 놓고 보았을 때 거울에 비친 모양을 그려 보시오.

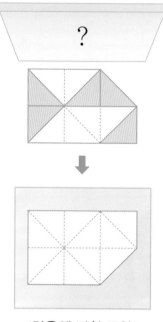

〈거울에 비친 모양〉

| 원리탐구 ❷ |

2   나비 그림의 오른쪽에 꽃이 그려진 거울을 세워 놓고 보았을 때 거울에 비친 모양에서 나비가 앉게 될 꽃을 찾아 ○표 하시오.

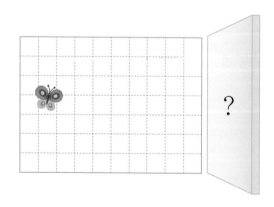

〈거울의 모양〉

| 원리탐구 ❶ |

3 ▶ 도장을 찍었을 때 글자 '다'가 나오는 도장을 만들려고 합니다. 도장을 어떻게 새겨야 할지 그려 보시오.

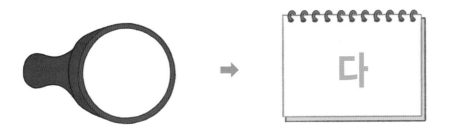

| 원리탐구 ❷ |

4 ▶ 오른쪽과 같이 그림 카드의 오른쪽에 거울을 세워 놓고 보았을 때 보이는 모양을 찾아 기호를 써 보시오.

㉮

㉯

㉰

㉱

Creative 팩토

01 주어진 조각을 모두 사용하여 세모 모양을 완성해 보시오.

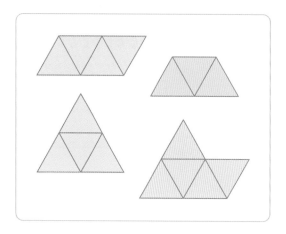 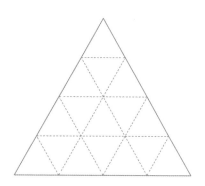

02 동물들이 똑같은 모양으로 땅을 나누어 가지도록 선을 그어 보시오.

 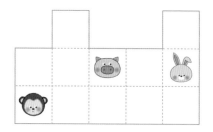

Key Point

몇 칸씩 나누어야 하는지 생각
해 봅니다.

03 주어진 그림에 거울을 비추어 원래 그림과 거울에 비친 그림을 합하여 새로운 그림을 만들 수 있습니다. 새로운 그림이 나오도록 화살표 방향에서 보았을 때 거울에 비치는 그림을 찾아 선으로 이어 보시오.

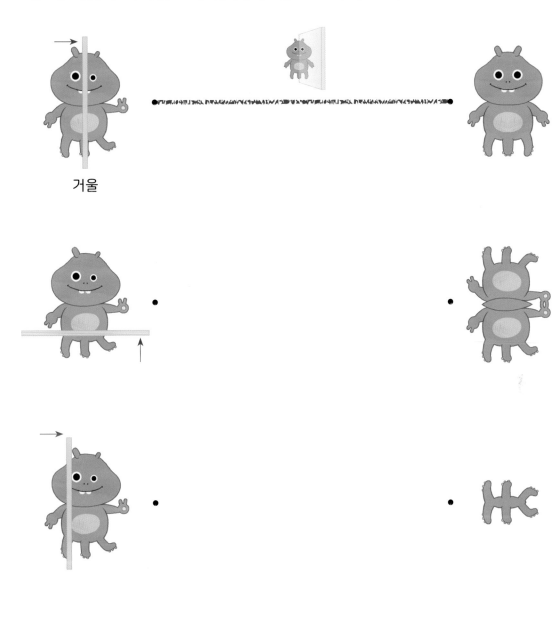

거울

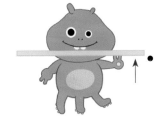

* Challenge 영재교육원 *

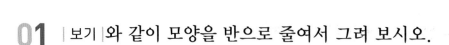

01 |보기|와 같이 모양을 반으로 줄여서 그려 보시오.

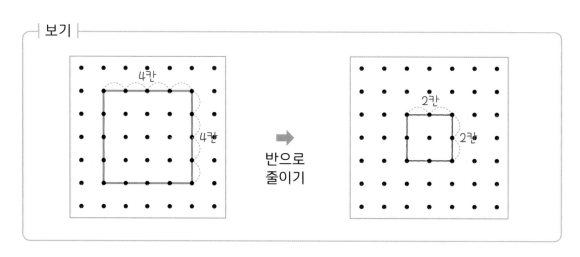

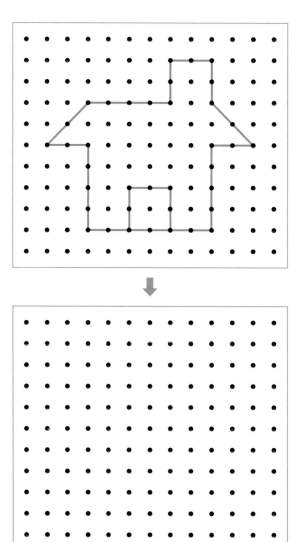

02 |보기|와 같이 구멍이 뚫린 종이 2장을 겹쳐 수 판 위에 올렸을 때, 보이는 수의 합이 주어진 수가 되도록 ▨ 안에 알맞은 종이의 기호를 써 보시오.

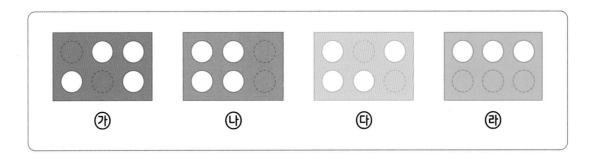

㉮   ㉯   ㉰   ㉱

| 보기 |

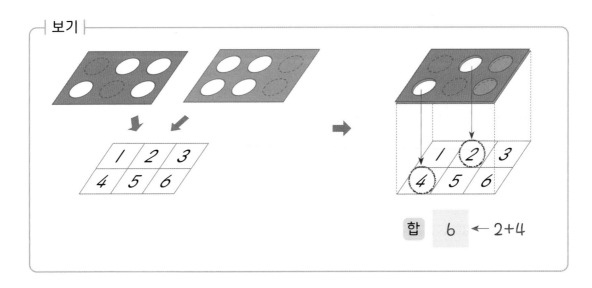

합 6 ← 2+4

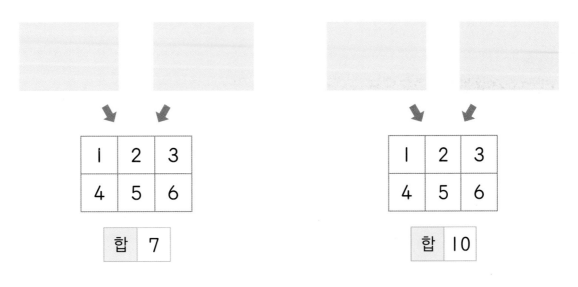

합 7   합 10

문제해결력

학습 Planner

계획한 대로 공부한 날은 😃 에, 공부하지 못한 날은 🙁 에 ◯표 하세요.

공부할 내용	공부할 날짜		확 인	
1 주고 받기	월	일	😃	🙁
2 그림 그려 해결하기	월	일	😃	🙁
3 문제 만들기	월	일	😃	🙁
4 2가지 기준으로 표 만들어 해결하기	월	일	😃	🙁
Creative 팩토	월	일	😃	🙁
Challenge 영재교육원	월	일	😃	🙁

1. 주고 받기

원리탐구 ① 똑같이 나누기

두 접시의 비스킷의 개수가 같아지려면 ㉮ 접시의 비스킷을 ㉯ 접시로 몇 개 옮겨야 하는지 구해 보시오.

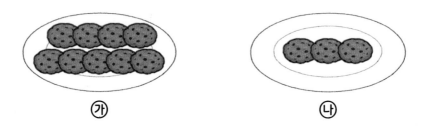

> **STEP 1** 　 안에 알맞은 수를 써넣으시오.

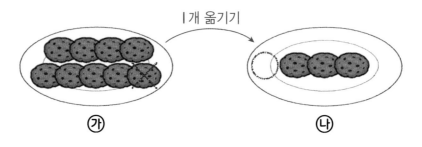

처음 ㉮ 접시에는 9개, ㉯ 접시에는 3개의 비스킷이 들어 있으므로 두 접시에 들어 있는 비스킷의 수의 차는 　　 개입니다.

㉮ 접시에 있는 비스킷 1개를 ㉯ 접시로 옮기면 두 접시에 들어 있는 비스킷의 수의 차는 　　 개가 됩니다.

> **STEP 2** STEP 1과 같은 방법으로 ㉮ 접시의 비스킷을 1개씩 ㉯ 접시로 옮겨서 두 접시에 들어 있는 비스킷의 수가 같게 만들어 보시오.

> **STEP 3** ㉮ 접시의 비스킷을 ㉯ 접시로 몇 개 옮겨야 합니까?

➤ 정답과 풀이 30쪽

유제 ▶ 세 사람이 가진 연필의 수가 같아지게 만들려고 합니다. 연필을 어떻게 옮겨야 하는지 표시해 보시오.

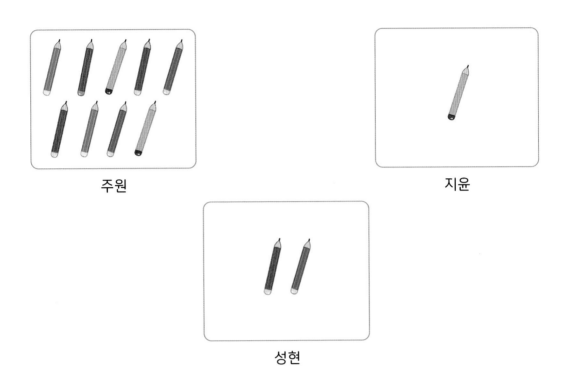

주원

지윤

성현

Lecture 똑같이 나누기

두 주머니에 구슬 7개와 3개가 각각 담겨 있습니다. 구슬 2개를 옮기면 두 주머니의 구슬의 수가 5개로 같아집니다.

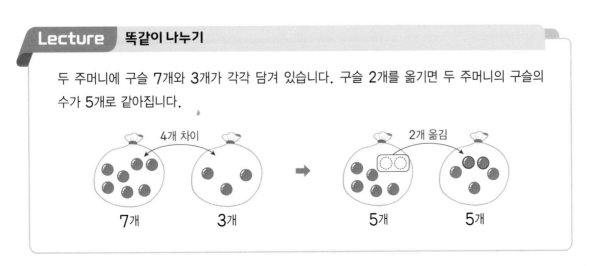

사탕 15개가 있습니다. 민지가 은우보다 3개 더 많이 가지도록 나누었을 때, 민지가 가지게 되는 사탕은 몇 개인지 구해 보시오.

> **STEP 1** 사탕 15개 중에서 민지에게 사탕 3개를 먼저 나누어 주고 난 후, 남은 사탕의 수를 구해 보시오.

> **STEP 2** STEP1에서 남은 사탕을 은우와 민지가 똑같이 나누어 가지도록 2묶음으로 묶으면 한 묶음 에 사탕은 몇 개가 되는지 구해 보시오.

> **STEP 3** 민지가 은우보다 3개 더 많이 가지도록 나누었을 때, 민지가 가지게 되는 사탕은 몇 개입 니까?

▶ 정답과 풀이 **31**쪽

유제 연필 13자루가 있습니다. 서아가 동주보다 5자루 더 많이 가지도록 나누어 주려고 합니다. 서아와 동주가 가지게 되는 연필은 각각 몇 자루인지 구해 보시오.

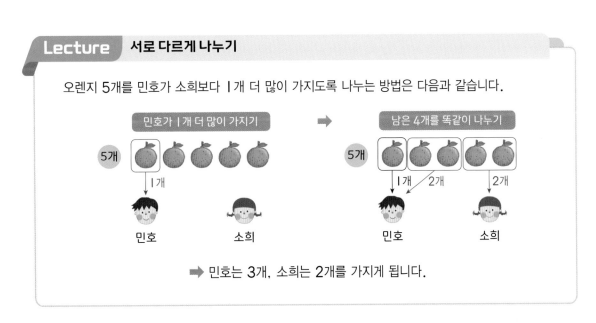

Lecture **서로 다르게 나누기**

오렌지 5개를 민호가 소희보다 1개 더 많이 가지도록 나누는 방법은 다음과 같습니다.

➡ 민호는 3개, 소희는 2개를 가지게 됩니다.

* Practice 팩토 *

| 원리탐구 ❶ |

1. 두 팀의 선수의 수가 같아지려면 한결이네 팀에서 정민이네 팀으로 몇 명이 이동해야 하는지 구해 보시오.

한결이네 팀

정민이네 팀

| 원리탐구 ❷ |

2. 닭 13마리를 기르고 있습니다. 큰 닭장에서 기르는 닭은 작은 닭장에서 기르는 닭보다 3마리 더 많을 때, 큰 닭장에서 기르는 닭은 몇 마리인지 구해 보시오.

> 정답과 풀이 32쪽

| 원리탐구 ❶ |

3 ▸ 선미가 효주에게 초콜릿 5개를 주면 두 사람의 초콜릿의 수가 13개로 같아집니다. 선미와 효주가 처음에 가지고 있던 초콜릿은 각각 몇 개인지 구해 보시오.

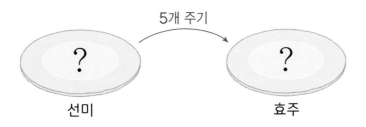

| 원리탐구 ❷ |

4 ▸ 슬기가 태경이보다 젤리 6개를 더 많이 가지려고 할 때, 태경이는 슬기에게 젤리를 몇 개 주어야 하는지 구해 보시오.

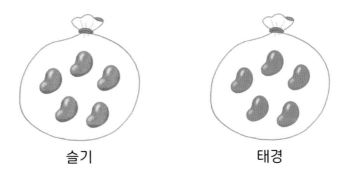

2. 그림 그려 해결하기

원리탐구 ① 그림 그리기

다리 3개짜리 의자와 4개짜리 의자가 합하여 4개 있습니다. 다리의 수가 모두 14개일 때, 다리 3개짜리 의자와 4개짜리 의자는 각각 몇 개인지 그림을 그려 구해 보시오.

STEP 1 모든 의자의 다리가 3개짜리라고 생각하여 다리를 3개씩 모두 그려 보시오.

STEP 2 다리의 수가 14개가 될 때까지 다리를 1개씩 늘려가며 그려 보시오.

STEP 3 다리 3개짜리 의자와 4개짜리 의자는 각각 몇 개입니까?

➤ 정답과 풀이 33쪽

유제 꽃잎이 3장짜리 꽃과 4장짜리 꽃이 합하여 5송이가 있습니다. 꽃잎이 모두 17장일 때, 두 종류의 꽃은 각각 몇 송이인지 그림을 그려 구해 보시오.

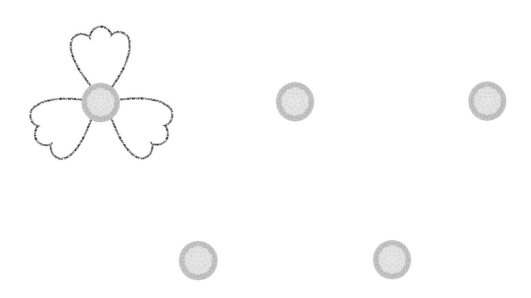

Lecture 그림 그리기

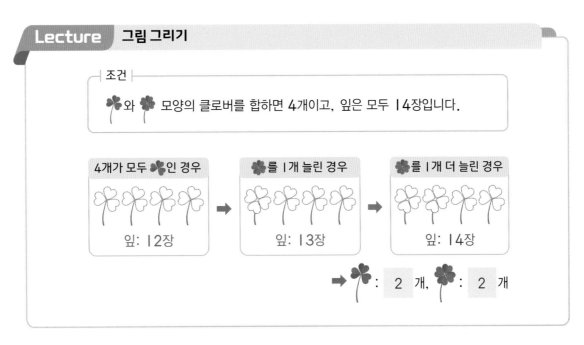

조건

🍀와 🍀 모양의 클로버를 합하면 4개이고, 잎은 모두 14장입니다.

4개가 모두 🍀인 경우 → 🍀를 1개 늘린 경우 → 🍀를 1개 더 늘린 경우

잎: 12장 → 잎: 13장 → 잎: 14장

➡ 🍀 : 2 개, 🍀 : 2 개

지호의 이야기를 보고 줄을 서 있는 사람들은 모두 몇 명인지 구해 보시오.

나는 앞에서 다섯째에 서 있고,
뒤에서는 여섯째에 서 있어요.

지호

STEP 1 지호가 앞에서 다섯째일 때 지호 앞에는 몇 명이 있는지 ○ 표시를 하여 그려 보시오.

지호

STEP 2 지호가 뒤에서 여섯째일 때 지호 뒤에는 몇 명이 있는지 **STEP 1**의 그림에 ○ 표시를 하여 그려 보시오.

STEP 3 줄을 서 있는 사람들은 모두 몇 명입니까?

> 정답과 풀이 **34**쪽

유제 ▷ 13명의 친구들이 줄을 서 있습니다. 수지가 앞에서 일곱째에 서 있다면 뒤에서 몇째에 서 있는지 구해 보시오.

수지

Lecture 줄 서기

상황을 그림으로 나타내어 문제를 해결할 수 있습니다.

- 소라 앞에는 **4**명의 친구들이 서 있습니다.
- 소라 뒤에는 **2**명의 친구들이 서 있습니다.

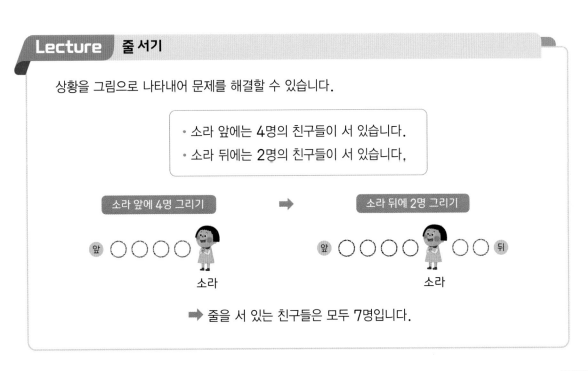

소라 앞에 **4**명 그리기 ➡ 소라 뒤에 **2**명 그리기

앞 ◯◯◯◯ 소라   앞 ◯◯◯◯ 소라 ◯◯ 뒤

➡ 줄을 서 있는 친구들은 모두 **7**명입니다.

| 원리탐구 ❶ |

1▶ 민혁이는 세 잎 클로버와 네 잎 클로버를 합하여 3개 찾았습니다. 잎의 수가 모두 11장일 때, 세 잎 클로버와 네 잎 클로버는 각각 몇 개인지 그림을 그려 구해 보시오.

| 원리탐구 ❷ |

2▶ 8명의 친구들이 줄을 서 있습니다. 한결이 앞에 2명이 서 있을 때, 한결이 뒤에는 몇 명이 서 있는지 구해 보시오.

▶정답과 풀이 35쪽

|원리탐구❶|

3 뿔이 1개짜리인 도깨비와 3개짜리인 도깨비를 세어 보니 모두 6명입니다. 뿔의 수는 모두 12개일 때, 뿔이 1개짜리인 도깨비와 3개짜리인 도깨비는 각각 몇 명인지 그림을 그려 구해 보시오.

|원리탐구❷|

4 쌓기나무 몇 개가 위로 높이 쌓여 있습니다. 쌓은 쌓기나무는 모두 몇 개 인지 구해 보시오.

> **빨간색 쌓기나무의 위치**
>
> • 빨간색 쌓기나무는 위에서 여섯째에 놓여 있습니다.
> • 빨간색 쌓기나무는 아래에서 다섯째에 놓여 있습니다.

3. 문제 만들기

소라가 만든 가족 신문을 보고 답을 구할 수 있는 문제를 모두 찾아 답을 구해 보시오.

가족 신문

우리 가족은 아빠, 엄마, 언니, 동생, 나 이렇게 5명입니다.

나는 8살이고, 동생은 5살, 언니는 12살입니다. 어제는 집에서 함께 쿠키를 만들었는데 동생은 9개를 만들고 언니는 6개를 만들었습니다.

문제1

소라네 가족의 나이를 모두 합하면 몇 살입니까?

문제2

소라의 언니는 소라의 동생보다 몇 살 더 많습니까?

문제3

동생과 언니가 만든 쿠키는 모두 몇 개입니까?

> **STEP 1** 가족 신문을 보고 알 수 있는 정보를 모두 찾아 ○표 하시오.

아빠, 엄마의 나이 (　　　)　　　　나, 언니, 동생의 나이 (　　　)

동생이 만든 쿠키의 수 (　　　)　　　　언니가 만든 쿠키의 수 (　　　)

> **STEP 2** **STEP 1**에서 찾은 정보를 이용하여 만들 수 있는 문제를 모두 찾고, 찾은 문제의 답을 구해 보시오.

유제 ▷ 문제 에 알맞은 상황 을 찾아 선으로 이어 보시오.

상황	문제
서하는 사과 12개를 샀고, 하율이는 사과 7개를 샀습니다. •	• 남아 있는 사과는 몇 개입니까?
사과 18개 중에서 민성이가 5개를 먹었습니다. •	• 두 사람은 사과를 모두 몇 개 샀습니까?
서하는 사과 12개 중에서 4개를 민성이에게 주었습니다. •	• 서하가 가지고 있는 사과는 몇 개입니까?

Lecture 문장을 보고 문제 만들기

두 개의 문장을 알맞게 연결하여 덧셈 또는 뺄셈 문제를 완성할 수 있습니다.

상황	문제	문제
그릇에 쿠키 4개와 마카롱 9개가 있습니다.	녹차 쿠키와 초코 쿠키는 모두 몇 개입니까? 필요한 것: 녹차 쿠키 수, 초코 쿠키 수	→ 상자 안에 녹차 쿠키는 5개, 초코 쿠키는 2개 있습니다. 녹차 쿠키와 초코 쿠키는 모두 몇 개입니까?
상자 안에 녹차 쿠키는 5개, 초코 쿠키는 2개 있습니다.	마카롱은 쿠키보다 몇 개 더 많습니까? 필요한 것: 마카롱 수, 쿠키 수	→ 그릇에 쿠키 4개와 마카롱 9개가 있습니다. 마카롱은 쿠키보다 몇 개 더 많습니까?

그림을 보고 덧셈 또는 뺄셈을 이용하여 답이 '2개'인 문제를 만들어 보시오.

문제 _____

_____

식 _____   답 _____2개_____

>STEP 1 피자, 치킨, 음료수는 각각 몇 개입니까?

>STEP 2 STEP 1에서 찾은 음식의 수를 이용하여 답이 2가 되는 식을 만들어 보시오.

식

>STEP 3 STEP 2에서 만든 식을 이용하여 문제를 만들어 보시오.

유제 그림을 보고 덧셈 또는 뺄셈을 이용하여 풀 수 있는 문제를 만들고 답을 구해 보시오.

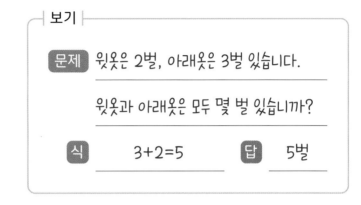

보기

문제	윗옷은 2벌, 아래옷은 3벌 있습니다.
	윗옷과 아래옷은 모두 몇 벌 있습니까?

식	3+2=5	답	5벌

문제 _____

_____

식 _____   답 _____

Lecture 그림을 보고 문제 만들기

그림을 보고 덧셈 또는 뺄셈을 이용하여 풀 수 있는 문제를 만듭니다.

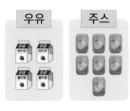

① 그림을 보고 알 수 있는 사실을 정리합니다.

　예 우유 **4**개, 주스 **7**개가 있습니다.

② ①을 이용하여 덧셈식 또는 뺄셈식을 만듭니다.

　예 4＋7＝11, 7−4＝3

③ ②에서 만든 식을 문제로 만들어 봅니다.

　예 4＋7＝11 ➡ 우유와 주스는 모두 몇 개입니까?

　　7−4＝3 ➡ 주스는 우유보다 몇 개 더 많습니까?

| 원리탐구 ① |

1 ▷ |상황|을 보고 만들 수 있는 문제를 모두 찾아 ○표 하시오.

┤ 상황 ├

도로에 버스 6대, 승용차 9대, 트럭 2대가 있습니다.
또, 길 위에 어린이 7명, 어른 13명이 있습니다.

• 길 위에 여자는 모두 몇 명입니까?　　　　　(　　)

• 도로에 있는 자동차는 모두 몇 대입니까?　(　　)

• 어른은 어린이보다 몇 명 더 많습니까?　　(　　)

| 원리탐구 ① |

2 ▷ 알맞게 선을 그어 문제를 완성해 보시오.

상황1	상황2	문제
바구니에 귤이 5개 있습니다.	바구니에 배가 3개 있습니다.	그릇에 남아 있는 귤은 몇 개입니까?
그릇에 귤이 10개 있습니다.	귤 5개를 먹었습니다.	바구니에 들어 있는 과일은 모두 몇 개입니까?

▷ 정답과 풀이 **38**쪽

|원리탐구❷|

3 그림을 보고 덧셈 또는 뺄셈을 이용하여 풀 수 있는 문제를 만들고 답을 구해 보시오.

덧셈식 문제 _____

_____

_____

식 _____   답 _____

뺄셈식 문제 _____

_____

_____

식 _____   답 _____

4. 2가지 기준으로 표 만들어 해결하기

기준에 따라 분류하여 빈칸에 알맞은 번호를 써넣으시오.

	뿔이 1개인 외계인	뿔이 2개인 외계인
초록 장화를 신고 있는 외계인		
빨강 장화를 신고 있는 외계인		

> STEP 1 각 칸에 알맞은 기준을 찾아 써 보시오.

	뿔이 1개인 외계인	뿔이 2개인 외계인
초록 장화를 신고 있는 외계인	1개, 초록	
빨강 장화를 신고 있는 외계인		

> STEP 2 기준에 따라 분류하여 빈칸에 알맞은 번호를 써넣으시오.

	뿔이 1개인 외계인	뿔이 2개인 외계인
초록 장화를 신고 있는 외계인		
빨강 장화를 신고 있는 외계인		

유제 기준에 따라 분류하여 빈칸에 알맞은 번호를 써넣으시오.

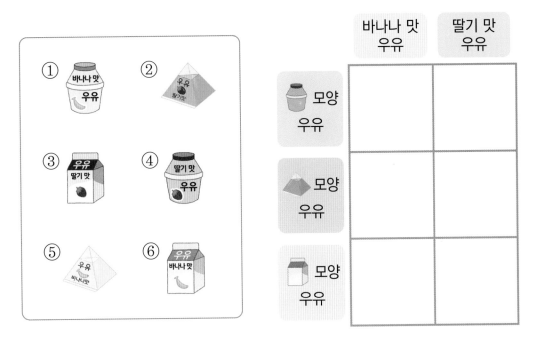

Lecture 2가지 기준으로 표 만들기

2가지 기준으로 분류하여 하나의 표로 나타낼 수 있습니다.

	모자를 쓴 인형	리본을 단 인형
곰 인형	모자, 곰	리본, 곰
토끼 인형	모자, 토끼	리본, 토끼

주어진 기준에 따라 분류하여 표를 완성하고, 곰 모양 젤리는 콩 모양 젤리보다 몇 개 더 많은지 구해 보시오.

	노란색 젤리	초록색 젤리	빨간색 젤리
곰 모양 젤리	개	개	개
콩 모양 젤리	개	개	개

> **STEP 1** 2가지 기준으로 분류하여 표를 완성해 보시오.

> **STEP 2** 표를 보고 곰 모양 젤리와 콩 모양 젤리는 각각 몇 개인지 구해 보시오.

> **STEP 3** 곰 모양 젤리는 콩 모양 젤리보다 몇 개 더 많은지 구해 보시오.

유제 주어진 기준에 따라 분류하여 표를 완성하고, 블루베리가 장식된 케이크는 키위가 장식된 케이크보다 몇 개 더 많은지 구해 보시오.

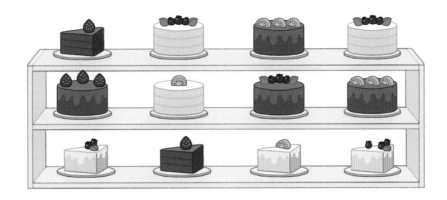

	딸기 장식 케이크	블루베리 장식 케이크	키위 장식 케이크
초코 크림 케이크	개	개	개
생크림 케이크	개	개	개

Lecture 표 보고 문제 해결하기

아이스크림 가게에서 오늘 팔린 아이스크림을 조사하여 표로 나타내었습니다.
각각의 개수를 세어 표로 정리하면 한눈에 내용을 알 수 있습니다.

모양＼맛	녹차	딸기
🍦 (콘)	///// //// 3개	//// / //// 6개
🍡 (막대)	//// //// 4개	//// //// 5개

|원리탐구❶|

1 기준에 따라 분류하였습니다. <u>잘못</u> 들어간 것을 찾아 기호를 써 보시오.

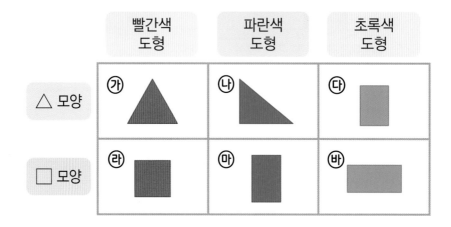

|원리탐구❶|

2 기준에 따라 분류하여 빈칸에 알맞은 번호를 써넣으시오.

	바닐라 맛 아이스크림	초코 맛 아이스크림	딸기 맛 아이스크림
(콘)			
(컵)			

> 정답과 풀이 **41**쪽

| 원리탐구❷ |

3 › 주어진 기준에 따라 분류하여 표를 완성하고, █ 안에 알맞은 말이나 수를 써넣으시오.

	빨간색 카드	파란색 카드	노란색 카드
모양이 1개인 카드	█ 장	█ 장	█ 장
모양이 2개인 카드	█ 장	█ 장	█ 장

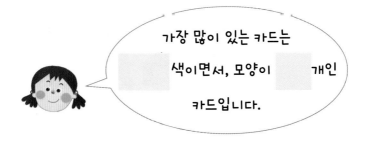

가장 많이 있는 카드는 █ 색이면서, 모양이 █ 개인 카드입니다.

Creative 팩토

01 수지, 민성, 다연이가 가진 구슬의 개수를 각각 구해 보시오.

수지 : 우리가 가지고 있는 구슬은 모두 15개야.

민성 : 나는 구슬 5개를 가지고 있어!

다연 : 내가 수지에게 구슬 2개를 주면 수지와 나의 구슬의 개수가 같아져.

02 밑줄 친 부분을 바르게 고쳐 보시오.

8명이 달리기 시합을 했습니다.
나는 4등으로 들어왔고, 나의 뒤로 3명의 친구들이 들어왔습니다.

▶ 정답과 풀이 42쪽

03 문장 카드가 9장 있습니다. 문장 카드를 3장씩 연결하면 하나의 문제가 만들어집니다. 문제 3개를 만들기 위해 카드를 어떻게 연결해야 하는지 문장 카드를 찾아 번호를 써 보시오.

1 서하는 구슬 14개를 가지고 있습니다.	2 수연이는 구슬 10개를 샀습니다.	3 수연이와 서하가 산 구슬은 모두 몇 개입니까?
4 서하는 구슬 7개를 샀습니다.	5 수연이는 서하에게 구슬 5개를 주었습니다.	6 수연이는 구슬 11개를 가지고 있습니다.
7 수연이는 구슬 3개를 샀습니다.	8 수연이는 구슬을 몇 개 가지고 있습니까?	9 서하는 수연이보다 구슬을 몇 개 더 가지고 있습니까?

문제1 ☐ — ☐ — ☐

문제2 ☐ — ☐ — ☐

문제3 ☐ — ☐ — ☐

Challenge 영재교육원

01 그림을 보고 합이 가장 큰 덧셈식, 차가 가장 작은 뺄셈식을 이용하여 풀
수 있는 문제를 만들고 답을 구해 보시오.

합이 가장 큰 덧셈식

문제 _____

_____

식 _____   답 _____

차가 가장 작은 뺄셈식

문제 _____

_____

식 _____   답 _____

▶ 정답과 풀이 **43**쪽

02 여러 가지 모양을 다음과 같이 분류하여 나누어 놓으려고 합니다. 물음에 답해 보시오.

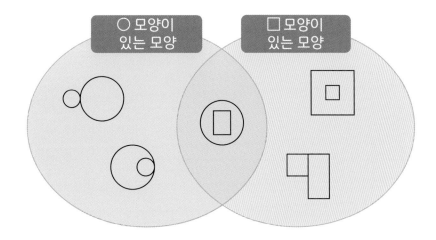

(1) 위의 그림을 보고 각각의 색깔 칸에 들어갈 모양을 찾아 선으로 이어 보시오.

(2) 연두색 칸에 들어갈 모양을 찾아 ○표 하시오.

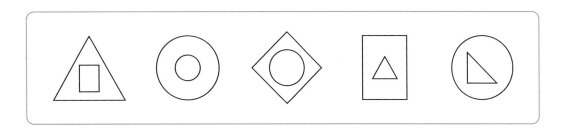

MEMO

영재학급, 영재교육원,
경시대회 준비를 위한

창의사고력
초등수학

팩토

형성 평가
총괄 평가

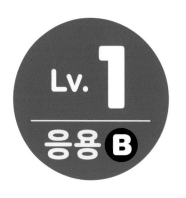

Lv.1

응용 B

형성평가

시험일시 | 년 월 일

이 름 |

권장 시험 시간 30분

✔ 총 문항 수(10문항)를 확인해 주세요.

✔ 권장 시험 시간(30분) 안에 문제를 풀어 주세요.

✔ 문제를 정확히 읽고 답을 바르게 쓰세요.

✔ 잘 풀리지 않는 문제가 있으면 쉬운 문제부터 해결한 후 다시 도전해 보세요.

01 규칙에 따라 ■ 안에 알맞은 글자를 써넣으시오.

가 다 나 라 가 다 나 라

02 규칙에 따라 ■ 안에 알맞은 모양을 그려 보시오.

03 규칙을 찾아 ▨ 안에 알맞은 수를 써넣으시오.

28, 25, 22, 19, ▨ , 13, 10, 7, 4, 1

규칙 ▨ 씩 작아집니다.

04 빈칸에 알맞은 단어를 써넣으시오.

책장		:	옷장	옷

05 규칙을 찾아 마지막 모양에 알맞게 색칠해 보시오.

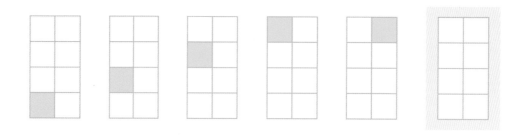

06 규칙에 따라 바둑돌을 늘어놓을 때, 넷째 번 모양에 알맞은 바둑돌을 그려 보시오.

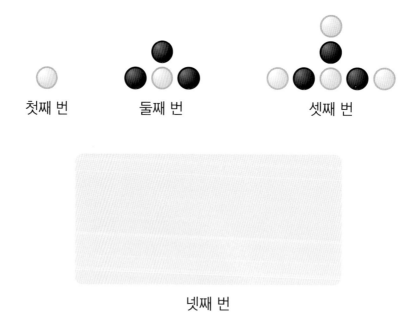

첫째 번   둘째 번   셋째 번

넷째 번

07 규칙을 찾아 빈 곳에 알맞은 수를 써넣으시오.

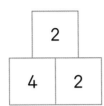 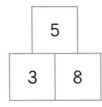 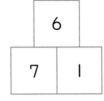 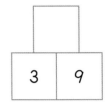

08 왼쪽의 두 도형의 변화를 관찰하여 빈칸에 알맞은 모양을 그려 보시오.

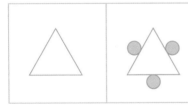 :

09 규칙에 따라 단추를 늘어놓을 때, █ 안에 알맞은 단추의 모양을 그려 보시오.

10 규칙을 찾아 빈 곳에 알맞은 수를 써넣으시오.

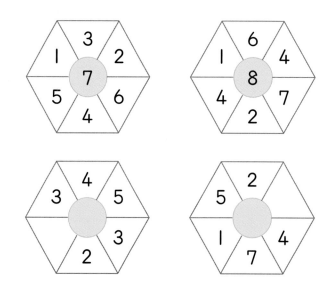

수고하셨습니다!

정답과 풀이 **44**쪽 ▶

Lv. 1 응용 B

형성평가

기하 영역

시험일시	년 월 일
이 름	

권장 시험 시간　30분

✔ 총 문항 수(10문항)를 확인해 주세요.

✔ 권장 시험 시간(30분) 안에 문제를 풀어 주세요.

✔ 문제를 정확히 읽고 답을 바르게 쓰세요.

✔ 잘 풀리지 않는 문제가 있으면 쉬운 문제부터 해결한 후 다시 도전해 보세요.

01 주어진 조각을 모두 사용하여 아이스크림 모양을 완성해 보시오.

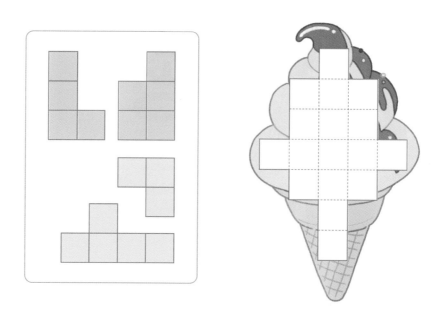

02 사탕이 남지 않도록 가로 또는 세로 방향으로 3개씩 모두 묶어 보시오.

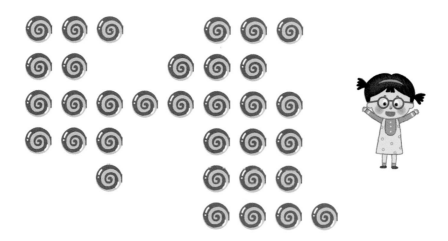

03 그림 카드의 오른쪽에 거울을 세워 놓고 보았을 때 보이는 모양을 찾아 기호를 써 보시오.

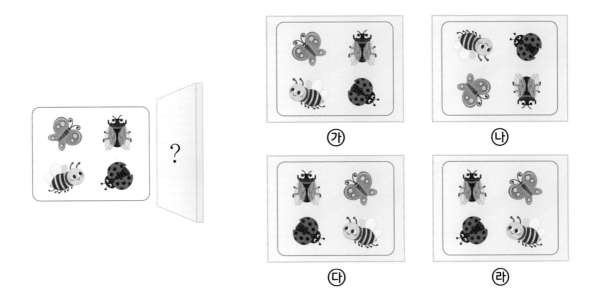

04 주어진 그림을 만들기 위해 필요한 투명 카드 2장을 찾아 기호를 써 보시오.

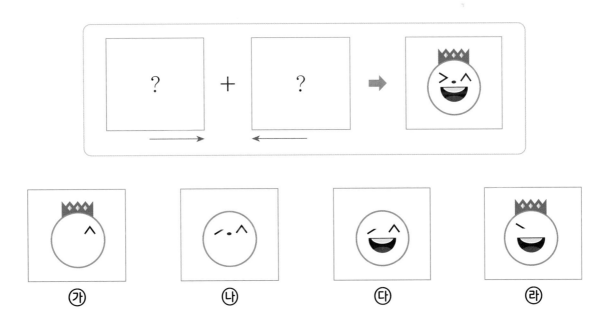

05 같은 모양의 조각을 여러 개 사용하여 꽃 모양을 완성해 보시오.

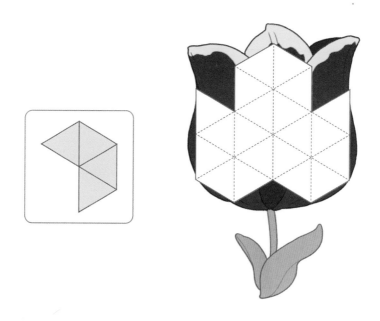

06 토끼 2마리가 똑같은 모양으로 땅을 나누어 가지려고 합니다. 4가지 방법
으로 나누어 보시오.

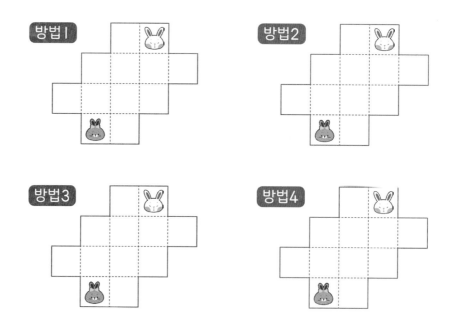

07 점선을 따라 투명 종이를 접었을 때 나타나는 모양을 그려 보시오.

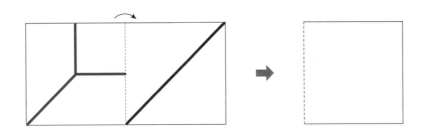

08 그림의 오른쪽에 거울을 세워 놓고 보았을 때 어떤 모양이 나타나는지 그려
보시오.

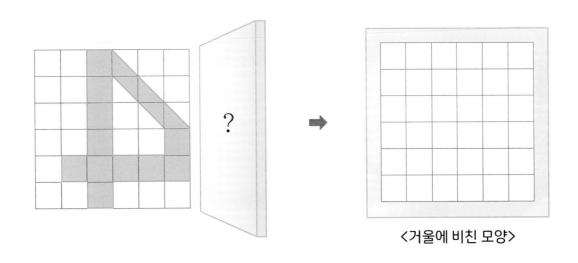

〈거울에 비친 모양〉

09 투명 카드 3장을 겹쳐 오른쪽 모양을 만들려고 합니다. 필요한 투명 카드 3장을 찾아 번호를 써 보시오.

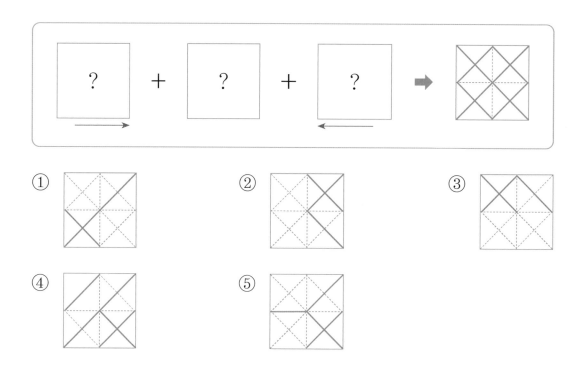

① ② ③

④ ⑤

10 도장을 찍었을 때 글자 '만'이 나오는 도장을 만들려고 합니다. 도장을 어떻게 새겨야 할지 그려 보시오.

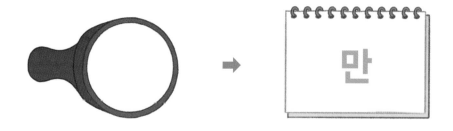

수고하셨습니다!

정답과 풀이 **47쪽**

Lv.1 응용 B

형성평가

문제해결력 영역

시험일시	년 월 일
이 름	

권장 시험 시간 30분

✔ 총 문항 수(10문항)를 확인해 주세요.

✔ 권장 시험 시간(30분) 안에 문제를 풀어 주세요.

✔ 문제를 정확히 읽고 답을 바르게 쓰세요.

✔ 잘 풀리지 않는 문제가 있으면 쉬운 문제부터 해결한 후 다시 도전해 보세요.

01 사탕 20개가 있습니다. 선우가 라은이보다 2개 더 많이 가지도록 나누었을 때, 선우가 가지게 되는 사탕은 몇 개인지 구해 보시오.

02 구슬이 1개 담겨 있는 주머니와 구슬이 4개 담겨 있는 주머니가 합하여 5개 있습니다. 주머니에 담겨 있는 구슬이 모두 14개라고 할 때, 구슬이 1개 담겨 있는 주머니는 몇 개인지 그림을 그려 구해 보시오.

03 문제 에 알맞은 상황 을 찾아 선으로 이어 보시오.

상황

마카롱을 정호는 2개,
지유는 1개 먹었습니다.

•

지유는 빵집에 가서 마카롱
3개, 쿠키 5개를 샀습니다.

•

빵집에 마카롱은 20개,
쿠키는 10개 있습니다.

•

문제

•

빵집에 있는 마카롱은 쿠키보다
몇 개 더 많습니까?

•

정호와 지유가 먹은 마카롱은
모두 몇 개입니까?

•

지유가 산 마카롱과 쿠키는
모두 몇 개입니까?

04 11명의 친구들이 줄을 서 있습니다. 민수가 뒤에서 여섯째에 서 있다면 민수는 앞에서 몇째에 서 있는지 구해 보시오.

05 연우가 재경이에게 색종이 3장을 주면 두 사람의 색종이 수가 8장으로 같아집니다. 연우와 재경이가 처음에 가지고 있던 색종이는 각각 몇 장인지 구해 보시오.

06 그림을 보고 덧셈 또는 뺄셈을 이용하여 답이 'I개'인 문제를 만들어 보시오.

문제 _____

_____

식 _____ 답 1개

[07~08] 도형을 보고 물음에 답해 보시오.

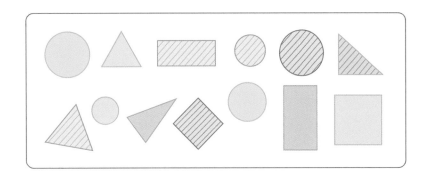

07 주어진 기준에 따라 분류하여 표를 완성해 보시오.

	원	삼각형	사각형
무늬가 있는 도형	개	개	개
무늬가 없는 도형	개	개	개

08 07의 표를 보고 바르게 설명한 사람을 찾아 이름을 써 보시오.

정훈: 무늬가 있는 사각형은 3개입니다.

태하: 원은 삼각형보다 3개 더 많습니다.

이한: 무늬가 없는 도형은 무늬가 있는 도형보다 더 많습니다.

09 금붕어 11마리를 기르고 있습니다. 큰 어항에서 기르는 금붕어는 작은 어항에서 기르는 금붕어보다 5마리 더 많을 때, 작은 어항에서 기르는 금붕어는 몇 마리인지 구해 보시오.

10 다음 그림을 보고 덧셈 또는 뺄셈을 이용하여 풀 수 있는 문제를 만들고, 답을 구해 보시오.

문제 _____

_____

식 _____   답 _____

수고하셨습니다!

정답과 풀이 50쪽

총괄평가

 Lv. **1** 응용 B

권장 시험 시간	30분

시험일시 | 년   월   일

이   름 |

- ✔ 총 문항 수(10문항)를 확인해 주세요.

- ✔ 권장 시험 시간(30분) 안에 문제를 풀어 주세요.

- ✔ 문제를 정확히 읽고 답을 바르게 쓰세요.

- ✔ 잘 풀리지 않는 문제가 있으면 쉬운 문제부터 해결한 후
  다시 도전해 보세요.

01 규칙에 따라 　안에 알맞은 수나 모양을 써넣으시오.

(1)

| 3 5 | 3 5 | 3 5

(2)

★ ● ○ ◆ ★ ● ○ ◆

02 규칙에 따라 바둑돌을 늘어놓을 때, 　안에 알맞게 그려 보시오.

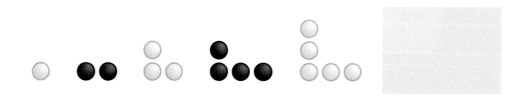

03 규칙을 찾아 빈 곳에 알맞은 수를 써넣으시오.

$$\diamond\ 1\ \diamond\ 5\ \diamond\ 9\ \diamond\ 13\ \diamond\ 17\ \diamond\ \boxed{}$$

04 관계없는 단어를 찾아 ○표 하시오.

(1)

문어	고래
고등어	갈치
민들레	상어

(2)

떡볶이	짜장면
달걀	젓가락
라면	볶음밥

05 주어진 조각을 모두 사용하여 오리 모양을 완성해 보시오.

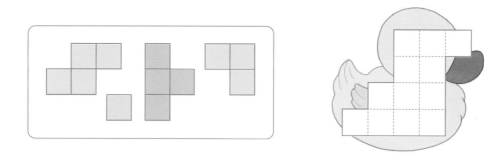

06 사탕이 남지 않도록 가로 또는 세로 방향으로 3개씩 모두 묶어 보시오.

07 투명 카드 2장을 겹쳐 오른쪽 모양을 만들려고 합니다. 필요한 투명 카드를 찾아 기호를 써 보시오.

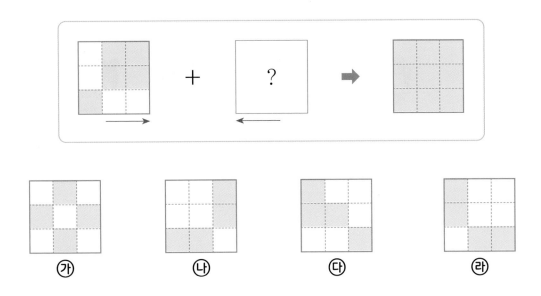

⑦   ④   ⑤   ㉣

08 두 사람이 가진 연필의 수가 같아지려면 주원이가 성현이에게 연필을 몇 자루 주어야 하는지 구해 보시오.

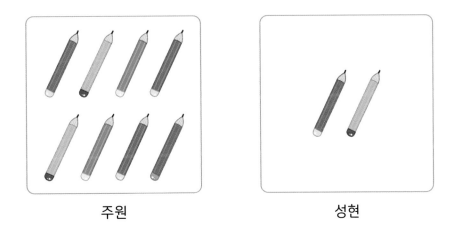

주원   성현

09 4명의 아이들 중에서 한쪽 다리를 들고 있는 사람이 있습니다. 땅에 닿아 있는 다리가 모두 5개일 때, 한쪽 다리를 들고 서 있는 사람은 몇 명인지 구해 보시오.

10 알맞게 선을 그어 문제를 완성해 보시오.

상황 1	상황 2	문제
사탕과 초콜릿이 모두 13개 있습니다.	초콜릿 7개를 접시에 더 담았습니다.	사탕은 몇 개입니까?
접시에 초콜릿이 5개 있습니다.	그중에서 초콜릿이 6개입니다.	접시에 있는 초콜릿은 모두 몇 개입니까?

수고하셨습니다!

창의사고력
초등수학
팩토

팩토는 자유롭게 자신감있게 창의적으로
생각하는 주·니·어·수·학·자입니다.

Free Active Creative Thinking O. Junior mathtian

영재학급, 영재교육원,
경시대회 준비를 위한

창의사고력
초등수학

팩토

명확한 답
친절한 풀이

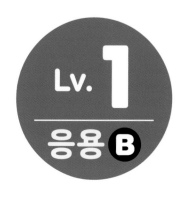

Lv.1
응용 B

영재학급, 영재교육원,
경시대회 준비를 위한

창의사고력
초등수학

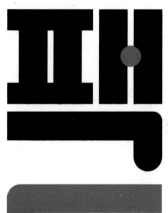

| 명확한 답 |
| 친절한 풀이 |

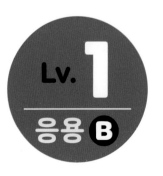

Lv. **1**

응용 **B**

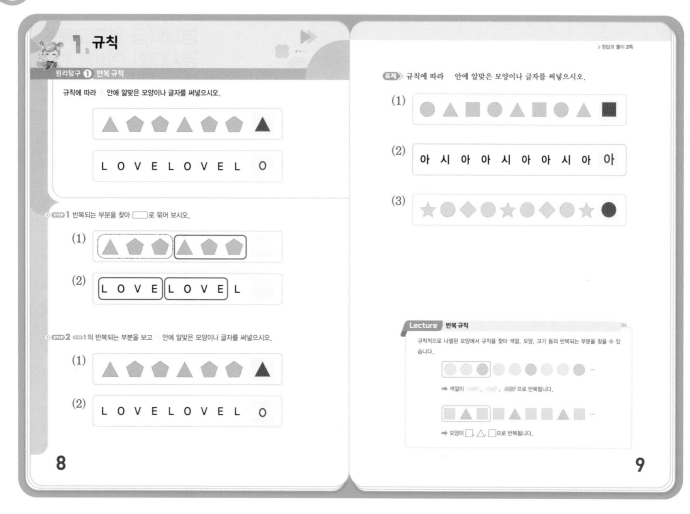

Ⅰ 규칙

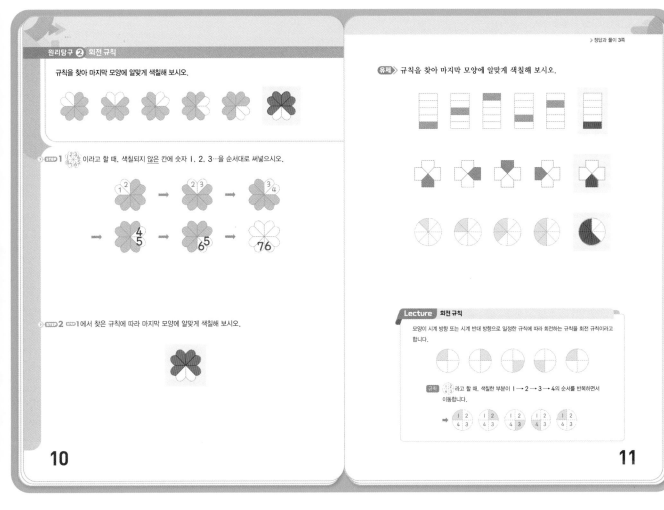

원리탐구 ②

정답과 풀이 3

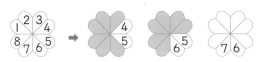

STEP **1** 색칠되지 않은 칸에 숫자를 알맞게 써넣어 봅니다.

STEP **2** 색칠되지 않은 2칸이 시계 방향으로 한 칸씩 이동하는 규칙
입니다.
마지막 모양에는 6, 7이 쓰여진 칸이 색칠되지 않은 칸이므
로 나머지 칸을 색칠합니다.

유제 (1)

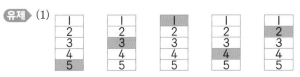

색칠한 부분이 5 → 3 → 1 → 4 → 2의 순서를 반복하
며 이동하는 규칙입니다.

(2)

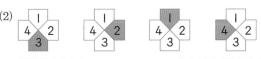

색칠한 부분이 3 → 2 → 1 → 4의 순서를 반복하며 이
동하는 규칙입니다.

(3)

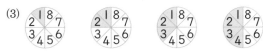

색칠한 부분이 1 → 1, 2 → 1, 2, 3 → 1, 2, 3, 4로
1부터 시작하여 한 칸씩 늘어나는 규칙입니다.

Ⅰ 규칙

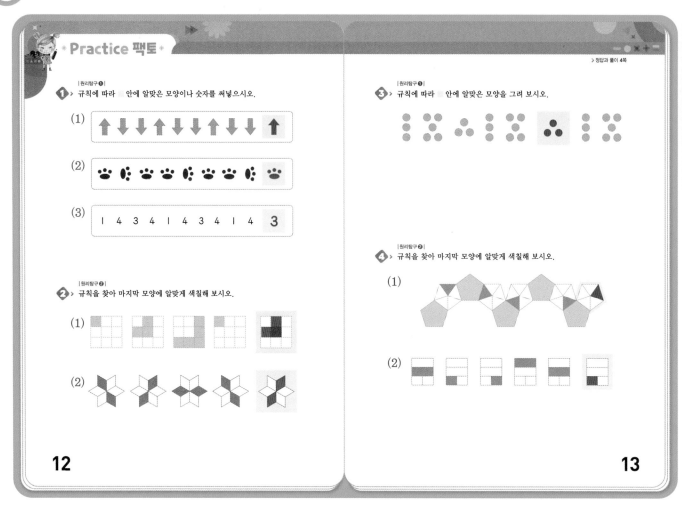

12

13

① (1) 모양이 '↑, ↓, ↓'으로 반복됩니다.
　　(2) 모양이 '🐾, ❀, 🐾'으로 반복됩니다.
　　(3) 숫자가 'Ⅰ, 4, 3, 4'로 반복됩니다.

② (1)
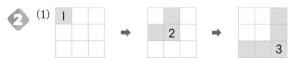

색칠한 부분이 Ⅰ → 2 → 3의 순서를 반복하면서 이동하는 규칙입니다.

(2)
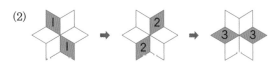

색칠한 부분이 Ⅰ → 2 → 3의 순서를 반복하면서 이동하는 규칙입니다.

③ 모양이 '⦙⦙, ⦙⦙, ❀'으로 반복됩니다.

④ (1)
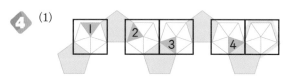

② 1 5
3 4 라고 할 때, 색칠한 부분이

Ⅰ → 2 → 3 → 4 → 5의 순서를 반복하면서 이동하는
규칙입니다.

(2)
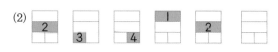

1
2
3 4 라고 할 때, 색칠한 부분이

2 → 3 → 4 → Ⅰ의 순서를 반복하면서 이동하는 규칙
입니다.

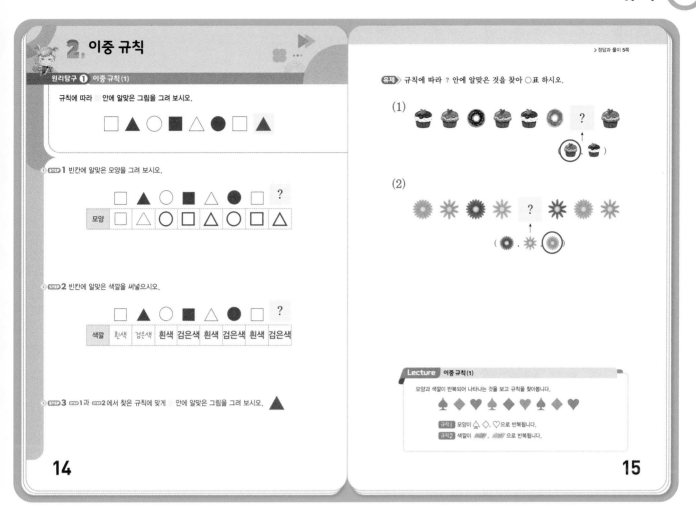

2. 이중 규칙

원리탐구 ① 이중 규칙 (1)

규칙에 따라 ☐ 안에 알맞은 그림을 그려 보시오.

☐ ▲ ○ ■ △ ● ☐ ▲

STEP 1 빈칸에 알맞은 모양을 그려 보시오.

							?
모양	☐	△	○	☐	△	○	☐	△

STEP 2 빈칸에 알맞은 색깔을 써넣으시오.

색깔	흰색	검은색	흰색	검은색	흰색	검은색	흰색	검은색

STEP 3 STEP 1과 STEP 2에서 찾은 규칙에 맞게 ☐ 안에 알맞은 그림을 그려 보시오. ▲

유제 규칙에 따라 ? 안에 알맞은 것을 찾아 ○표 하시오.

(1)

(2)

Lecture 이중 규칙 (1)

모양과 색깔이 반복되어 나타나는 것을 보고 규칙을 찾아봅니다.

♠ ♦ ♥ ♠ ♦ ♥ ♠ ♦ ♥

규칙1 모양이 ♠, ◇, ♡으로 반복됩니다.
규칙2 색깔이 ▨, ▨으로 반복됩니다.

원리탐구 ②

STEP 1 모양이 '☐, △, ○'으로 반복되는 규칙입니다.

STEP 2 색깔이 '흰색, 검은색'으로 반복되는 규칙입니다.

STEP 3 STEP 1과 STEP 2에서 찾은 규칙을 보면 ☐ 안의 그림의 모양은 △이고, 색깔은 검은색입니다.

TIP 반복되는 부분을 찾을 때, 모양과 색깔을 앞 글자만 소리 내어 읽어 보면 쉽게 찾을 수 있습니다.
  • 모양: 네 세 동 네 세 동⋯
  • 색깔: 흰 검 흰 검 흰 검⋯

유제 (1) 종류는 '머핀, 머핀, 도넛'이 반복되고, 맛은 '초코맛, 딸기맛'이 반복되는 규칙입니다.

(2) 모양은 '✸, ✷'이 반복되고, 색깔은 '연두색, 주황색, 보라색'이 반복되는 규칙입니다.

TIP 아이들은 두 가지 속성이 동시에 변하는 패턴의 규칙을 찾는 것을 어려워합니다. 모양, 색깔, 개수, 크기 등의 속성을 각각 찾아볼 수 있도록 지도합니다.

▶정답과 풀이 5쪽

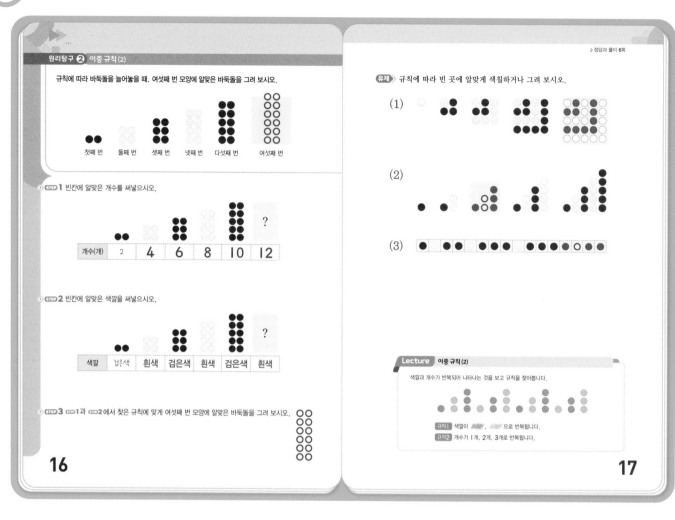

I 규칙

원리탐구 ② 이중 규칙 (2)

규칙에 따라 바둑돌을 늘어놓을 때, 여섯째 번 모양에 알맞은 바둑돌을 그려 보시오.

첫째 번　둘째 번　셋째 번　넷째 번　다섯째 번　여섯째 번

STEP 1 빈칸에 알맞은 개수를 써넣으시오.

개수(개)	2	4	6	8	10	12

STEP 2 빈칸에 알맞은 색깔을 써넣으시오.

색깔	검은색	흰색	검은색	흰색	검은색	흰색

STEP 3 STEP 1 과 STEP 2 에서 찾은 규칙에 맞게 여섯째 번 모양에 알맞은 바둑돌을 그려 보시오.

16

> 정답과 풀이 6쪽

유제 규칙에 따라 빈 곳에 알맞게 색칠하거나 그려 보시오.

(1)

(2)

(3)

Lecture 이중 규칙 (2)

색깔과 개수가 반복되어 나타나는 것을 보고 규칙을 찾아봅니다.

규칙1 색깔이 ⬤⬤, ⬤⬤ 으로 반복됩니다.
규칙2 개수가 1개, 2개, 3개로 반복됩니다.

17

원리탐구 ①

STEP 1 늘어놓은 바둑돌을 살펴보고 빈칸에 알맞게 개수를 써넣으면 2개, 4개, 6개, 8개…로 개수가 2개씩 커지는 규칙입니다. 따라서 여섯째 번에 알맞은 개수는 12개입니다.

STEP 2 늘어놓은 바둑돌을 살펴보고 빈칸에 알맞게 색깔을 써넣으면 '검은색, 흰색'이 반복됨을 알 수 있습니다. 따라서 여섯째 번에 알맞은 색깔은 흰색입니다.

STEP 3 STEP 1 과 STEP 2 에서 찾은 규칙을 보면 ▨ 안의 바둑돌의 개수는 12개이고, 색깔은 흰색입니다.

유제 (1) • 색깔의 규칙

흰　　　흰 검　　　흰 검 흰　　　흰 검 흰 검 …

• 개수의 규칙

1　　　1 3　　　1 3 5　　　1 3 5 7 …

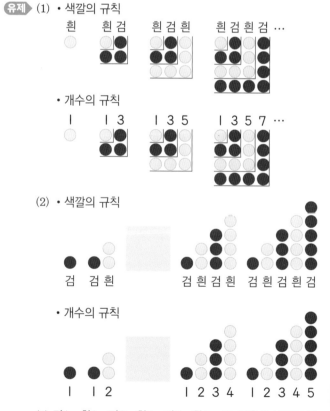

(2) • 색깔의 규칙

검　검 흰　　　　　검 흰 검 흰　　검 흰 검 흰 검

• 개수의 규칙

1　1 2　　　　　1 2 3 4　　1 2 3 4 5

(3) 검1, 흰1, 검2, 흰1, 검3, 흰1…로 검은색 바둑돌이 1개씩 늘어나고 검은색과 흰색 바둑돌이 번갈아 놓이는 규칙입니다.

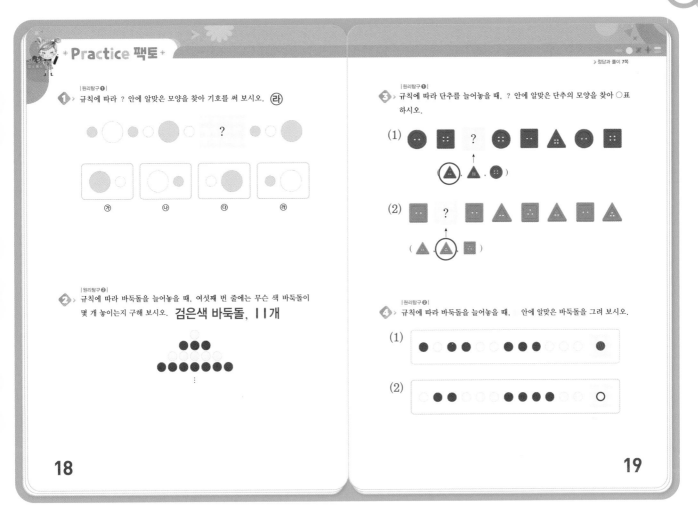

① 색깔은 '연두색, 흰색'이 반복되고, 크기는 '작다, 크다, 작다'가 반복되는 규칙입니다.

TIP 작은 모양 다음에 오는 모양의 크기는 작은 모양, 큰 모양 둘 다 있습니다. 앞에서부터 크기 규칙을 차례로 읽어 ▨ 안에 알맞은 크기를 쉽게 찾도록 합니다.

② 위에서부터 색깔은 '흰색, 검은색'으로 반복되고, 개수는 1개, 3개, 5개, 7개…로 2씩 커지는 규칙입니다.
따라서 다섯째 번 줄에는 흰색 바둑돌이 9개 놓이고, 여섯째 번 줄에는 검은색 바둑돌이 11개 놓이게 됩니다.

③ (1) 모양은 '○, □, △'가 반복되고, 구멍 개수는 '2개, 4개'가 반복되는 규칙입니다.

(2) 모양은 '□, △'가 반복되고, 구멍 개수는 '2개, 3개, 2개'가 반복되는 규칙입니다.

④ (1) 검1, 흰1, 검2, 흰2, 검3, 흰3…으로 검은색과 흰색 바둑돌이 1개씩 늘어나며 검은색과 흰색 바둑돌이 번갈아 놓이는 규칙입니다.

(2) 흰1, 검2, 흰3, 검4…로 흰색 바둑돌은 1개, 3개…로 홀수 개로 늘어나고, 검은색 바둑돌은 2개, 4개…로 짝수 개로 늘어나며 흰색과 검은색 바둑돌이 번갈아 놓이는 규칙입니다.

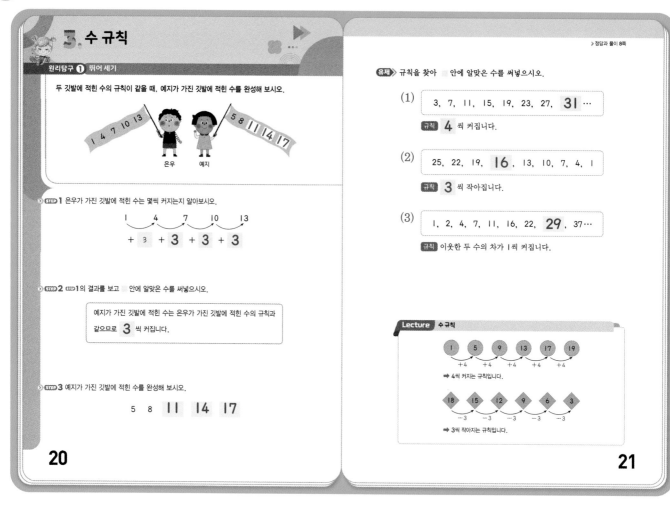

원리탐구 1

STEP 1 1, 4, 7, 10, 13은 1부터 시작하여 3씩 커지는 규칙입니다.

STEP 3 5　　8　　11　　14　　17
　　　　　+3　　+3　　+3　　+3

유제 (1) 3부터 시작하여 4씩 커지는 규칙입니다.
　　　→ ■=27+4=31
　　(2) 25부터 시작하여 3씩 작아지는 규칙입니다.
　　　→ ■=19-3=16
　　(3) 이웃한 두 수의 차가 1씩 커지는 규칙입니다.
　　　1,　2,　4,　7,　11,　16,　22,　　　,　37…
　　　+1　+2　+3　+4　　+5　　+6　　+7　　+8
　　　→ ■=22+7=29

원리탐구 ❷ 도형 수 규칙

규칙을 찾아 퍼즐의 빈 곳에 알맞은 수를 써넣으시오.

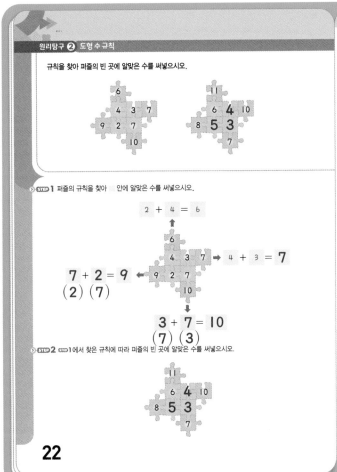

▶ STEP 1 퍼즐의 규칙을 찾아 ☐ 안에 알맞은 수를 써넣으시오.

$2 + 4 = 6$

$4 + 3 = 7$

$7 + 2 = 9$
$(2) \ (7)$

$3 + 7 = 10$
$(7) \ (3)$

▶ STEP 2 STEP 1에서 찾은 규칙에 따라 퍼즐의 빈 곳에 알맞은 수를 써넣으시오.

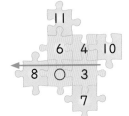

22

▶ 정답과 풀이 9쪽

유제 규칙을 찾아 빈 곳에 알맞은 수를 써넣으시오.

(1)
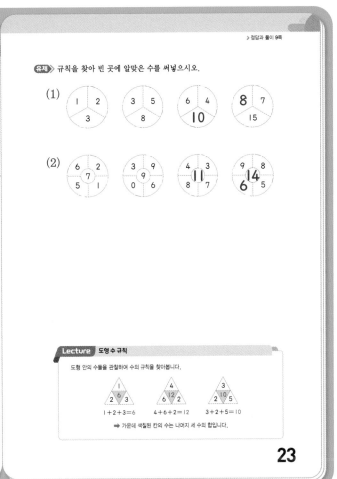

(2)

Lecture 도형 수 규칙

도형 안의 수들을 관찰하여 수의 규칙을 찾아봅니다.

$1 + 2 + 3 = 6$ $4 + 6 + 2 = 12$ $3 + 2 + 5 = 10$

➡ 가운데 색칠된 칸의 수는 나머지 세 수의 합입니다.

23

원리탐구 ❷

STEP 1 퍼즐의 가로줄, 세로줄마다 노란색에 쓰인 두 수의 합이 연두색에 쓰인 수가 되는 규칙입니다.

STEP 2

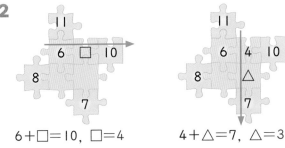

$6 + \square = 10, \ \square = 4$ $4 + \triangle = 7, \ \triangle = 3$

$3 + \bigcirc = 8, \ \bigcirc = 5$

위 순서가 아닌 다른 가로줄이나 세로줄부터 풀어도 됩니다.

유제 (1) 왼쪽과 오른쪽에 적힌 두 수의 합이 아래에 있는 수가 되는 규칙입니다.

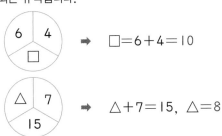

➡ $\square = 6 + 4 = 10$

➡ $\triangle + 7 = 15, \ \triangle = 8$

(2) 마주 보는 두 수의 합이 가운데 쓰인 수와 같은 규칙입니다.

➡ $\square = 4 + 7 = 11$

➡ ㉮$= 9 + 5 = 14$
➡ $8 + ㉯ = 14, \ ㉯ = 6$

I 규칙

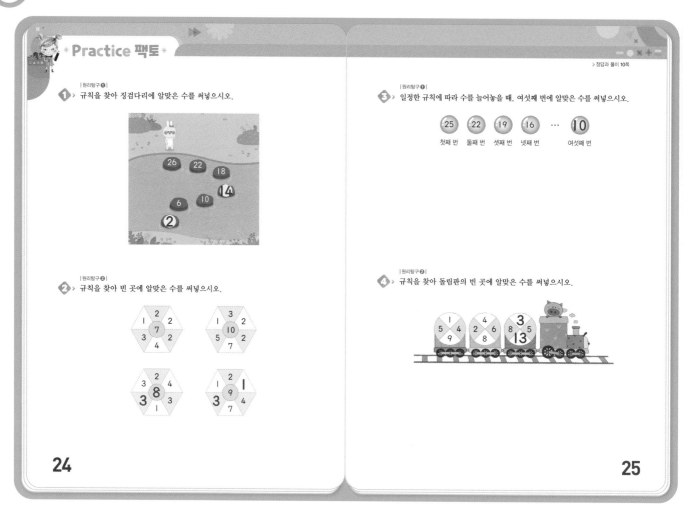

Practice 팩토

▷ 정답과 풀이 10쪽

| 원리탐구 ❶ |
1 ▷ 규칙을 찾아 징검다리에 알맞은 수를 써넣으시오.

| 원리탐구 ❷ |
2 ▷ 규칙을 찾아 빈 곳에 알맞은 수를 써넣으시오.

| 원리탐구 ❶ |
3 ▷ 일정한 규칙에 따라 수를 늘어놓을 때, 여섯째 번에 알맞은 수를 써넣으시오.

25 22 19 16 … 10
첫째 번 둘째 번 셋째 번 넷째 번 여섯째 번

| 원리탐구 ❷ |
4 ▷ 규칙을 찾아 돌림판의 빈 곳에 알맞은 수를 써넣으시오.

24

25

---

1 26부터 시작하여 4씩 작아지는 규칙입니다.

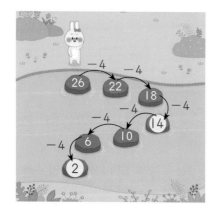

2 연두색 칸에 있는 세 수의 합과 흰색 칸에 있는 세 수의 합이 같고, 그 합이 보라색 칸에 쓰인 수와 같은 규칙입니다.

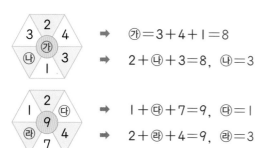

➡ ㉮=3+4+1=8

➡ 2+㉯+3=8, ㉯=3

➡ 1+㉰+7=9, ㉰=1

➡ 2+㉱+4=9, ㉱=3

3 25부터 시작하여 3씩 작아지는 규칙입니다.
다섯째 번: 16−3=13
여섯째 번: 13−3=10

4 파란색 칸에 있는 두 수의 차는 윗칸에 쓰고, 두 수의 합은 아랫칸에 쓰는 규칙입니다.

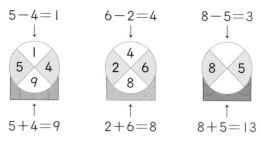

5−4=1
↓
5+4=9

6−2=4
↓
2+6=8

8−5=3
↓
8+5=13

10 Lv.1 - 응용 B

4. 유비 추론

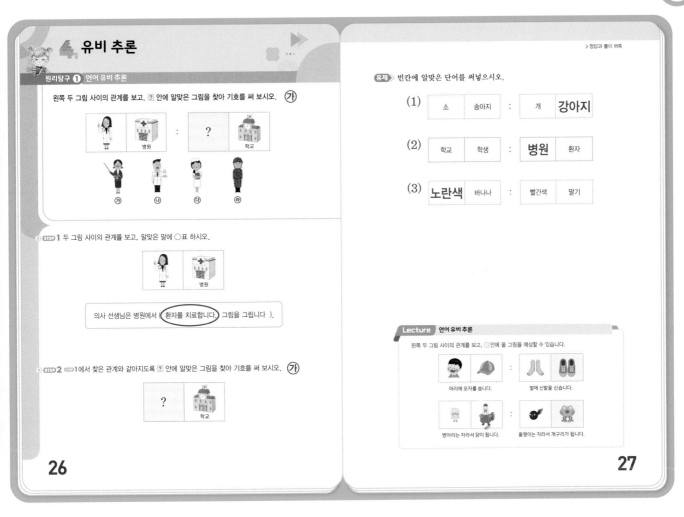

원리탐구 ①

STEP 1 STEP 2

의사 선생님은 병원에서
환자를 치료합니다.

선생님은 학교에서
학생들을 가르칩니다.

유제 (1)

| 소 | 송아지 | : | 개 | 강아지 |

소의 새끼는 송아지이고, 개의 새끼는 강아지입니다.

(2)

| 학교 | 학생 | : | 병원 | 환자 |

학교에는 학생이 있고, 병원에는 환자가 있습니다.

(3)

| 노란색 | 바나나 | : | 빨간색 | 딸기 |

바나나는 노란색이고, 딸기는 빨간색입니다.

I 규칙

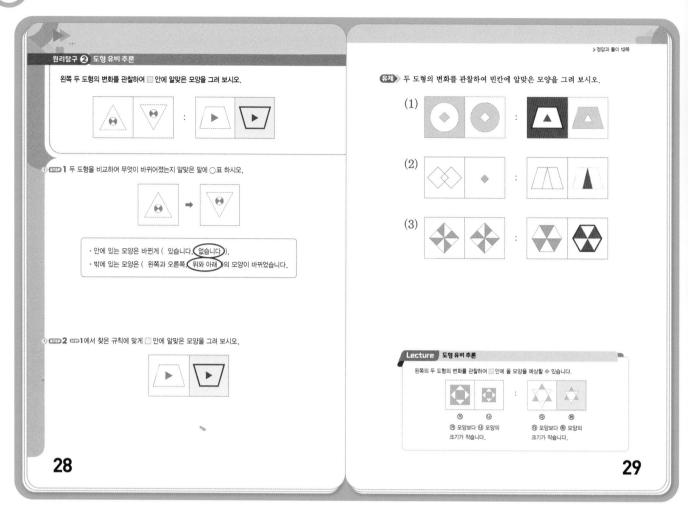

원리탐구 ❷

STEP 1 안에 있는 모양(❊)은 바뀌지 않았고, 밖에 있는 모양(△) 은 위와 아래의 모양(▽)이 바뀌었습니다.

STEP 2 안에 있는 모양은 바뀌지 않고, 밖에 있는 모양은 위와 아래 의 모양이 바뀌게 그립니다.

유제 두 도형의 변화를 관찰합니다.

(1)

색칠된 부분은 색칠되지 않고, 색칠되지 않은 부분은 색 칠되었습니다.

(2)

겹쳐진 부분만 남았습니다.

(3)

도형 안의 색칠된 부분은 색칠되지 않고, 색칠되지 않은 부분은 색칠되었습니다.

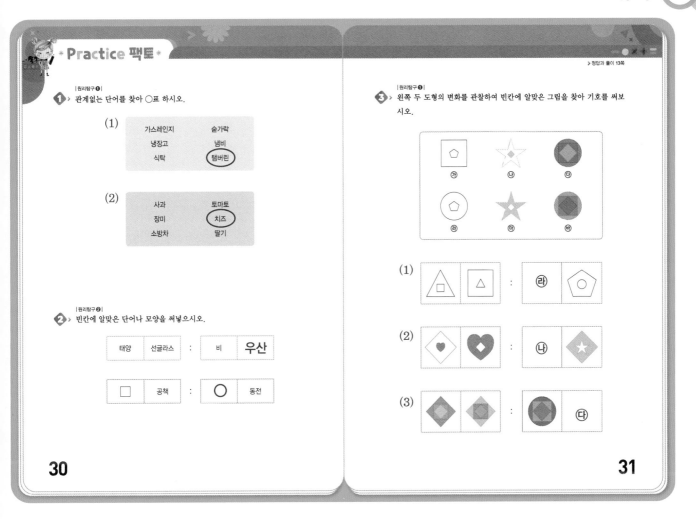

1 (1) 가스레인지, 숟가락, 냉장고, 냄비, 식탁은 부엌에서 볼
수 있는 물건들입니다.

(2) 사과, 토마토, 장미, 소방차, 딸기는 빨간색입니다.

2 (1)

태양이 비출 때는 선글라스를 끼고, 비가 올 때는 우산
을 씁니다.

(2)

공책은 네모 모양이고, 동전은 동그라미 모양입니다.

3 (1)

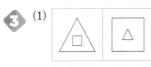

안과 밖의 모양의 위치가 바뀌었습니다.

(2)

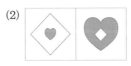

안에 있는 모양과 밖에 있는 모양의 위치가 바뀌었습니다.

(3)

모양은 바뀌지 않고, 색깔의 위치는
Ⅰ → 2, 2 → 3, 3 → Ⅰ로 바뀌었습니다.

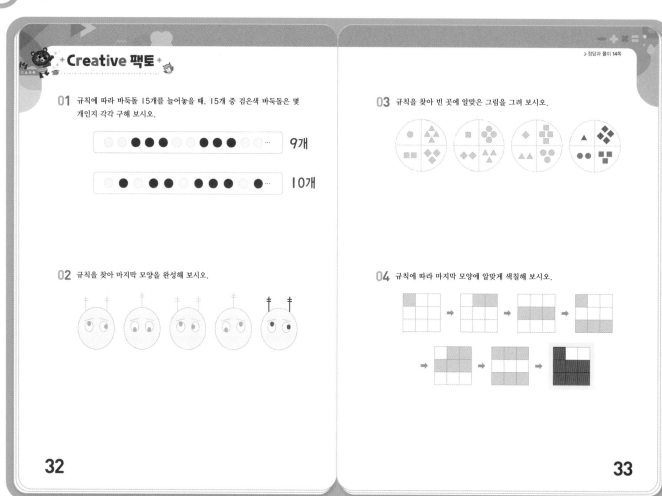

01 (1) 바둑돌은 '흰2', '검3'이 번갈아 놓입니다.
바둑돌 12개가 놓여 있으므로 3개를 더 그리면
○○●●●○○●●●○○●●● 이고, 15개 중
검은색 바둑돌은 모두 **9개**입니다.

(2) 바둑돌은 흰1, 검1, 흰1, 검2, 흰1, 검3, 흰1…로 검
은색 바둑돌이 1개, 2개, 3개…로 1개씩 늘어나고 흰
색과 검은색 바둑돌이 번갈아 놓입니다.
바둑돌 11개가 놓여 있으므로 4개를 더 그리면
○●○●●○●●●○●●●●○ 이고, 15개 중
검은색 바둑돌은 모두 **10개**입니다.

02 • 머리카락: '†† , †'순서로 반복됩니다.
• 왼쪽 눈동자: '위쪽, 아래쪽'이 반복됩니다.
• 오른쪽 눈동자: '오른쪽, 아래쪽, 왼쪽, 위쪽'이 반복됩니다.

03 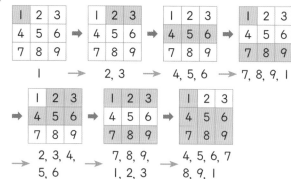 라고 할 때,
모양은 1 → 2 → 3 → 4로 이동하고 있고, 개수는 1에 1개,
2에 4개, 3에 3개, 4에 2개가 그려져 있습니다.

04 색칠한 칸의 규칙을 알아봅니다.

1	2	3
4	5	6
7	8	9

1 → 2, 3 → 4, 5, 6 → 7, 8, 9, 1

→ 2, 3, 4, 5, 6 → 7, 8, 9, 1, 2, 3 → 4, 5, 6, 7 8, 9, 1

색칠한 칸의 수가 1씩 늘어나면서 1부터 9까지 순서대로 색
칠합니다.

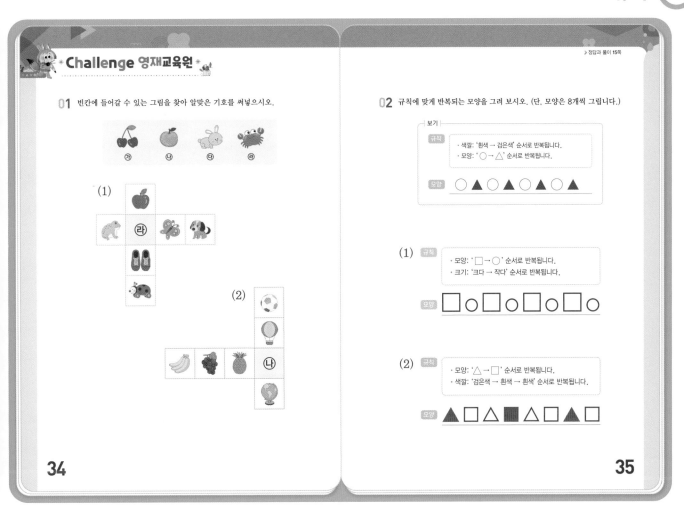

01 빈칸에 들어갈 수 있는 그림을 찾아 알맞은 기호를 써넣으시오.

(1)

(2)

02 규칙에 맞게 반복되는 모양을 그려 보시오. (단, 모양은 8개씩 그립니다.)

보기

규칙
· 색깔: '흰색 → 검은색' 순서로 반복됩니다.
· 모양: '○ → △' 순서로 반복됩니다.

모양   ○ ▲ ○ ▲ ○ ▲ ○ ▲

(1) 규칙
· 모양: '□ → ○' 순서로 반복됩니다.
· 크기: '크다 → 작다' 순서로 반복됩니다.

모양   □ ○ □ ○ □ ○ □ ○

(2) 규칙
· 모양: '△ → □' 순서로 반복됩니다.
· 색깔: '검은색 → 흰색 → 흰색' 순서로 반복됩니다.

모양   ▲ □ △ ■ △ □ ▲ □

34   35

---

01 가로줄, 세로줄의 공통점을 알아봅니다.

(1)

가로줄: 동물
세로줄: 빨간색
동물이면서 빨간색인
것은 ㉞ 꽃게입니다.

(2)

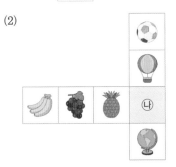

가로줄: 과일
세로줄: 공 모양
과일이면서 공 모양인
것은 ㉡ 배입니다.

TIP 빈칸은 가로줄과 세로줄이 겹치는 부분이므로 가로줄의
공통점과 세로줄의 공통점이 둘 다 포함되어야 합니다.

02 규칙에 맞게 반복되는 모양을 그릴 때, 두 가지 속성을 잘 이
해하여 모두 적용합니다.

TIP 먼저 모양을 그린 다음, 속성을 적용하도록 지도합니다.

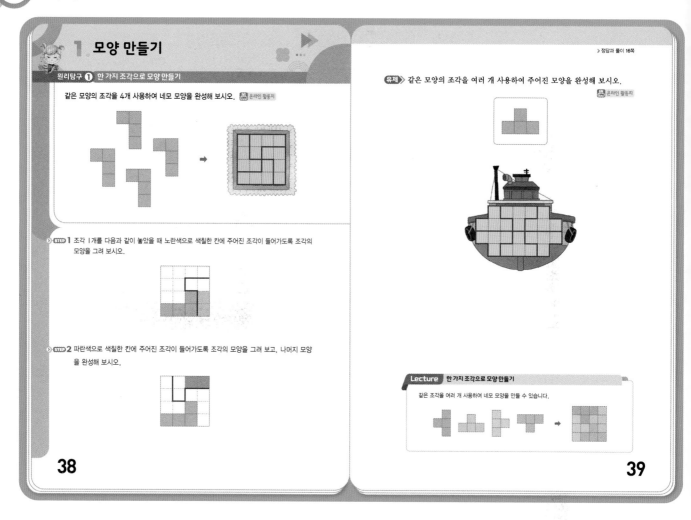

1 모양 만들기

원리탐구 ① 한 가지 조각으로 모양 만들기

같은 모양의 조각을 4개 사용하여 네모 모양을 완성해 보시오.

STEP 1 조각 1개를 다음과 같이 놓았을 때 노란색으로 색칠한 칸에 주어진 조각이 들어가도록 조각의 모양을 그려 보시오.

STEP 2 파란색으로 색칠한 칸에 주어진 조각이 들어가도록 조각의 모양을 그려 보고, 나머지 모양을 완성해 보시오.

38

> 정답과 풀이 16쪽

유제 같은 모양의 조각을 여러 개 사용하여 주어진 모양을 완성해 보시오.

Lecture 한 가지 조각으로 모양 만들기

같은 조각을 여러 개 사용하여 네모 모양을 만들 수 있습니다.

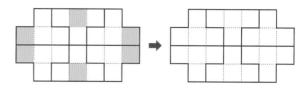

39

원리탐구 ①

STEP 1 색칠한 칸에 조각을 넣어 모양을 그려 봅니다.

STEP 2 색칠한 칸에 조각을 넣어 모양을 그려 보고 나머지 모양을 완성합니다.

유제 노란색으로 색칠한 칸에 조각을 하나씩 넣어서 모양을 그려 보고, 나머지 모양을 완성합니다.

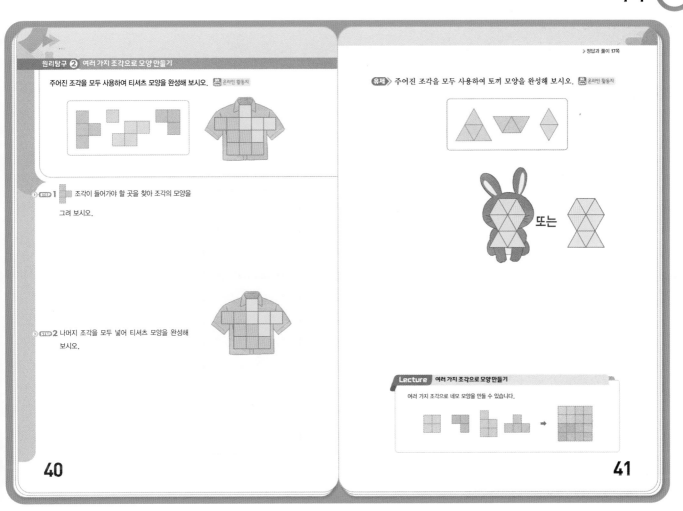

> 정답과 풀이 17쪽

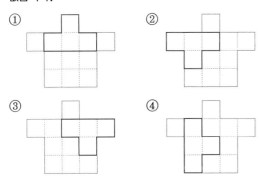

원리탐구 ❷

TIP  조각을 ①, ②, ③, ④ 등과 같이 놓는 경우에는
조각을 놓은 후 나머지 조각을 놓을 수 있는 방법이
없습니다.

①

②

③

④

TIP 주어진 조각을 뒤집거나 돌려서 만든 모양이 같은 경우도 정답으로 봅니다.

유제 가장 큰 조각 ◁ 이 들어갈 수 있는 곳은 2가지입니다.

또는

나머지 조각이 들어갈 수 있는 모양은 첫째 번 그림입니다.

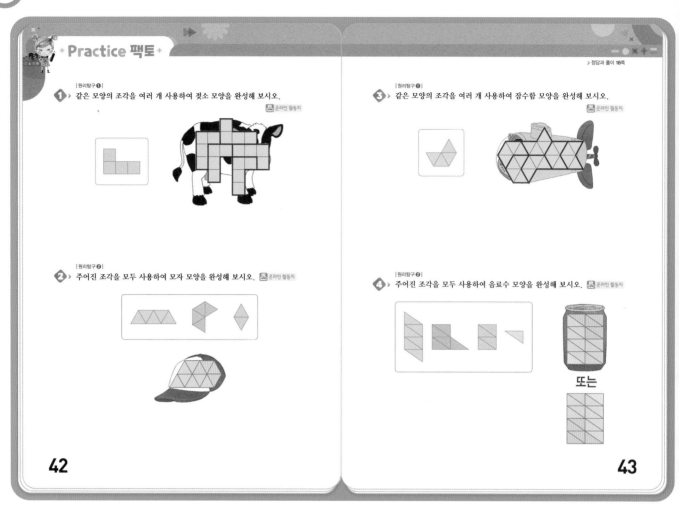

II 기하

1 노란색으로 색칠한 칸에 놓을 수 있는 조각을 찾아 그려 넣고, 나머지 부분을 완성해 봅니다.

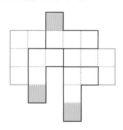

2 가장 큰 조각이 들어갈 수 있는 곳은 3가지입니다.

이 중 조각이 들어갈 수 있는 것은 첫째 번 그림입니다.

TIP 주어진 조각을 뒤집거나 돌려서 만든 모양이 같은 경우도 정답으로 봅니다.

3 가장자리부터 채워 가며 모양을 완성해 봅니다.

이때 잠수함 모양을 완성할 수 있는 것은 첫째 번 그림입니다.

4 가장 큰 조각부터 들어갈 자리를 찾아 모양을 그려 봅니다.

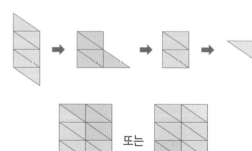

TIP 주어진 조각을 뒤집거나 돌려서 만든 모양이 같은 경우도 정답으로 봅니다.

2. 모양 나누기

원리탐구 ① 3개씩 묶기 퍼즐

사탕이 남지 않도록 가로 또는 세로 방향으로 3개씩 모두 묶어 보시오.

> **STEP 1** 🌀 를 넣어서 가로 또는 세로 방향으로 3개씩 묶어 보시오.

> **STEP 2** STEP1에서 남은 사탕을 3개씩 모두 묶어 보시오.

44

▶ 정답과 풀이 19쪽

유제 도토리가 남지 않도록 가로 또는 세로 방향으로 3개씩 모두 묶어 보시오.

Lecture 3개씩 묶기 퍼즐

남는 구슬이 없도록 가로 또는 세로 방향으로 구슬을 3개씩 모두 묶습니다.

● 를 넣어서 가로 방향으로 3개를 묶습니다.

남은 구슬을 3개씩 묶습니다.

위와 같이 묶을 수는 없습니다.

45

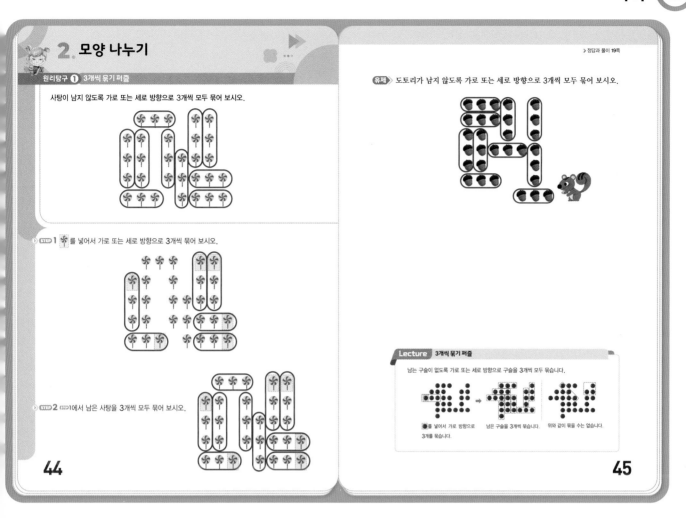

원리탐구 ②

STEP 1 🌀 를 넣어서 묶는 방법은 1가지입니다.

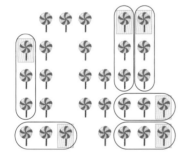

STEP 2 🌀 를 넣어서 묶을 수 있는 곳부터 가로 또는 세로 방향으로 3개씩 묶어 보고, 남은 사탕을 3개씩 묶습니다.

유제 🌰 를 넣어서 묶는 방법은 1가지이므로 🌰 를 넣어서 묶을 수 있는 것부터 3개씩 묶습니다.

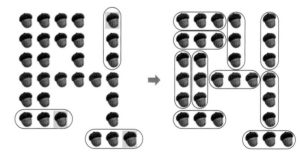

정답과 풀이 **19**

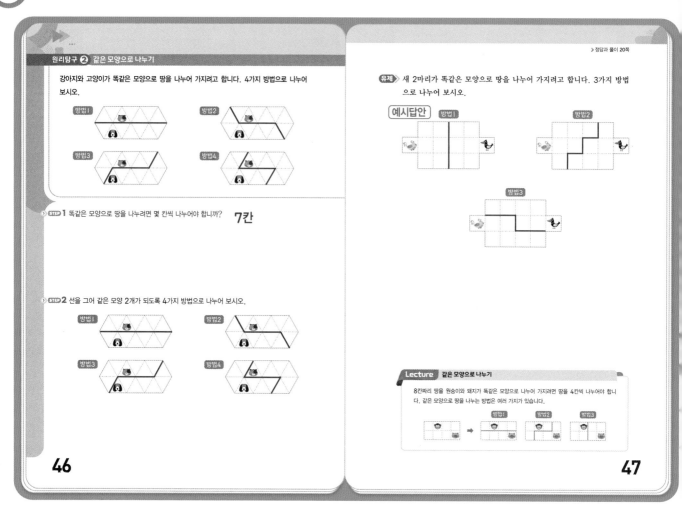

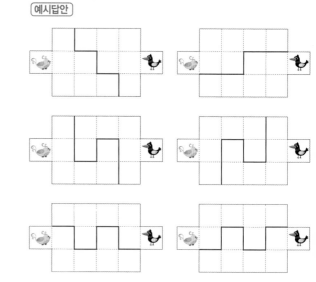

+ Practice 팩토 +

› 정답과 풀이 21쪽

|원리탐구 ❶|

1 › 가로 또는 세로 방향으로 3개씩 모두 묶어 보시오.

(1)

(2)

|원리탐구 ❷|

2 › 똑같은 모양 2개가 되도록 6가지 방법으로 나누어 보시오.

예시답안

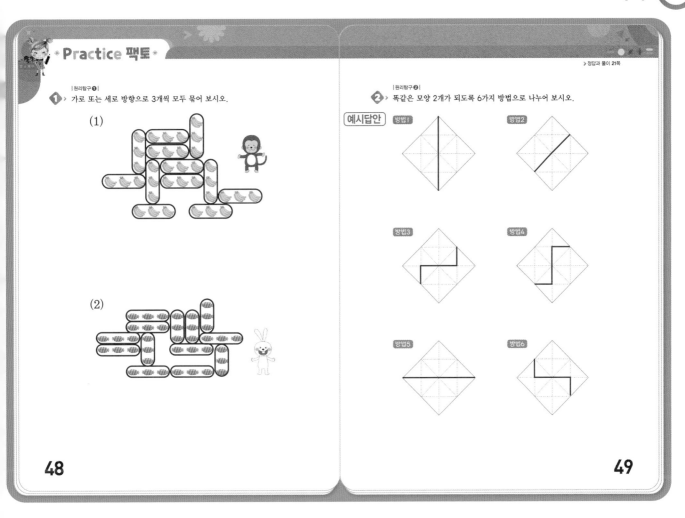

48

49

---

1 (1) 🍌을 넣어서 묶을 수 있는 것부터 찾아봅니다.

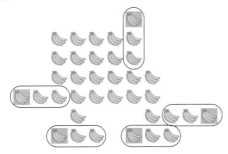

(2) 🍬을 넣어서 묶을 수 있는 것부터 찾아봅니다.

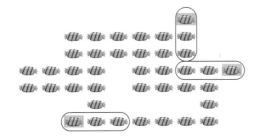

2 답은 여러 가지입니다.

예시답안

 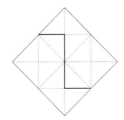

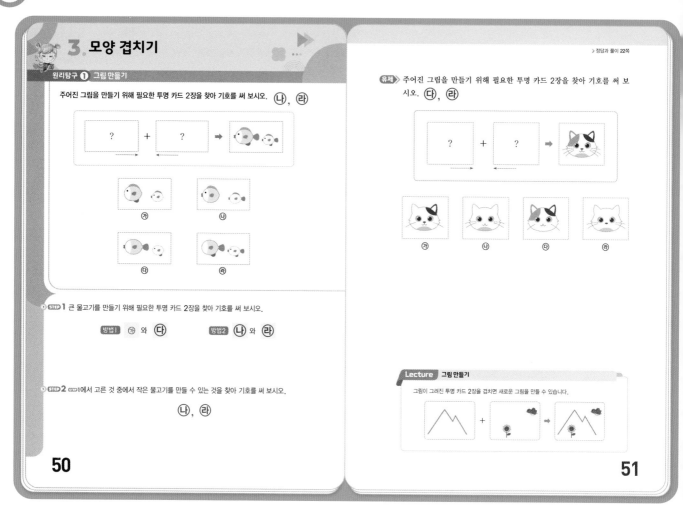

원리탐구 ❶

STEP 1 투명 카드 ㉮의 큰 물고기에는 입술과 꼬리지느러미가 없으므로 투명 카드 ㉰가 필요하고, 투명 카드 ㉯의 큰 물고기에는 작은 지느러미와 꼬리지느러미가 없으므로 투명 카드 ㉱가 필요합니다.

STEP 2 투명 카드 ㉮와 ㉰를 겹치면 작은 물고기의 꼬리지느러미가 없으므로 그림을 완성할 수 없습니다. 투명 카드 ㉯와 ㉱를 겹치면 작은 물고기가 완성됩니다.

유제 주어진 그림 중에서 왼쪽 귀의 주황색 무늬가 있는 ㉰는 반드시 필요합니다.
투명 카드 ㉮와 ㉰를 겹치면 수염이 완성되지 않고, ㉯와 ㉰를 겹치면 코가 없으므로 그림을 완성할 수 없습니다.
㉰와 ㉱를 겹치면 그림이 완성됩니다.

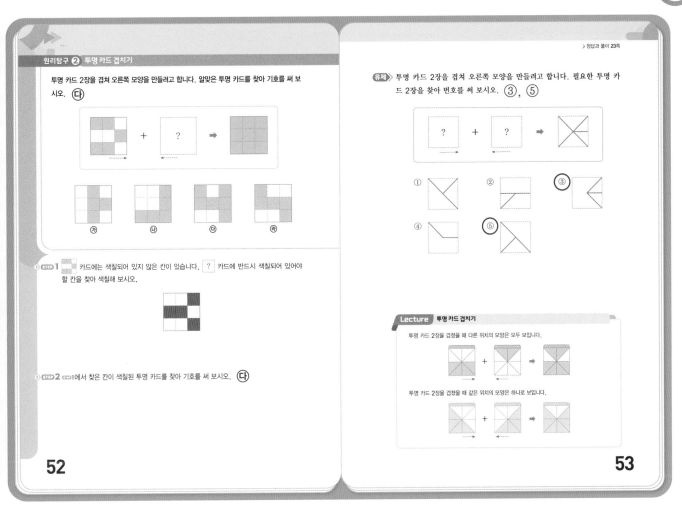

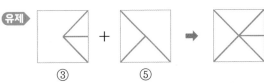

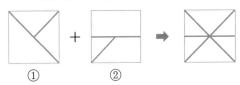

원리탐구 ②

STEP 1 오른쪽 모양에 색칠되어 있지만 왼쪽 투명 카드에 색칠되어 있지 않은 칸은 반드시 색칠되어야 합니다.

STEP 2 STEP 1에서 색칠한 칸을 포함하는 투명 카드를 찾아봅니다.

TIP 겹쳤을 때 모양을 예상하고 반투명 종이를 사용하여 실제로 확인하는 활동을 통해 지도하는 것도 좋습니다.

유제

③ ⑤

TIP 다음과 같이 투명 카드를 겹칠 경우에는 주어진 모양보다 더 많은 선이 그려집니다.

① ②

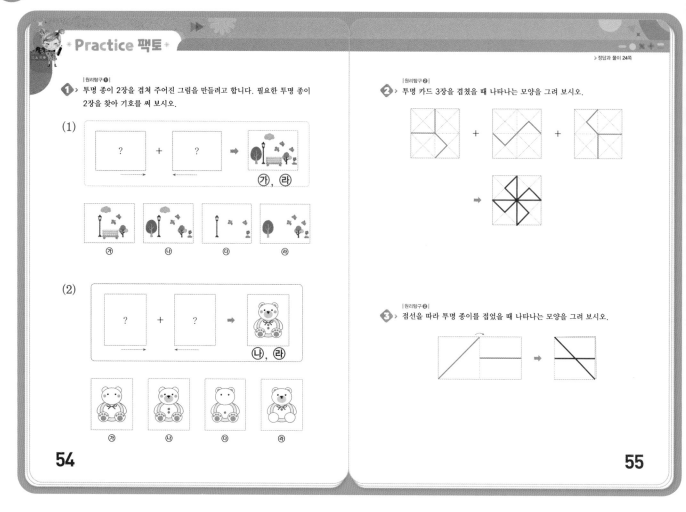

1
(1) 주어진 그림 중에서 의자가 있는 ㉮는 반드시 필요합니다. ㉮와 ㉯를 겹치면 새 한 마리가 없으므로 그림이 완성되지 않습니다. ㉮와 ㉣를 겹치면 그림이 완성됩니다.

(2) 인형의 몸통에 있는 파란 리본과 초록 단추 2개를 완성하려면 ㉮와 ㉯, ㉯와 ㉣ 또는 ㉰와 ㉣를 겹쳐야 합니다. ㉮와 ㉯를 겹치면 귀의 무늬가 없고, ㉰와 ㉣를 합치면 얼굴이 완성되지 않습니다. ㉯와 ㉣를 겹치면 그림이 완성됩니다.

2
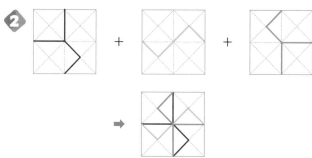

3
초록색 선이 있는 면을 오른쪽으로 접었으므로 왼쪽과 오른쪽이 서로 바뀌어야 합니다.

TIP 아이가 이해하기 어려워하는 경우에는 반투명 종이를 사용하여 직접 접어 보며 모양이 어떻게 바뀌는지 활동을 통해 이해해 보도록 합니다.

4. 거울에 비친 모양

원리탐구 ➊ 거울에 비친 모양 그리기

그림의 오른쪽에 거울을 세워 놓고 보았을 때 거울에 비친 모양을 그려 보시오.

▶ 정답과 풀이 25쪽

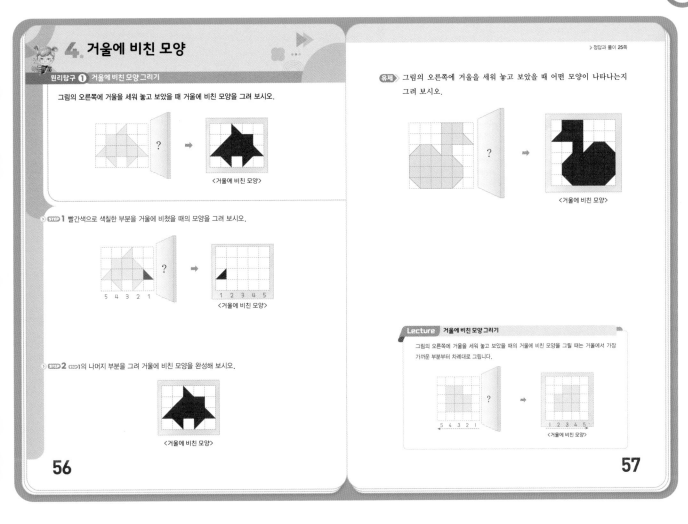

<거울에 비친 모양>

➤ **STEP 1** 빨간색으로 색칠한 부분을 거울에 비쳤을 때의 모양을 그려 보시오.

<거울에 비친 모양>

➤ **STEP 2** STEP 1의 나머지 부분을 그려 거울에 비친 모양을 완성해 보시오.

<거울에 비친 모양>

56

유제 그림의 오른쪽에 거울을 세워 놓고 보았을 때 어떤 모양이 나타나는지 그려 보시오.

<거울에 비친 모양>

Lecture 거울에 비친 모양 그리기

그림의 오른쪽에 거울을 세워 놓고 보았을 때의 거울에 비친 모양을 그릴 때는 거울에서 가장 가까운 부분부터 차례대로 그립니다.

<거울에 비친 모양>

57

원리탐구 ➊

STEP 1 ◣ 모양이 거울에 비쳤을 때는 왼쪽과 오른쪽이 서로 바뀌어야 하므로 ◢와 같이 나타납니다.

<거울에 비친 모양>

STEP 2 STEP 1에서 그린 모양을 참고하여 나머지 부분도 그려 봅니다.

유제 빨간색으로 색칠한 부분을 먼저 그리고, 나머지 부분을 차례대로 그려 봅니다.

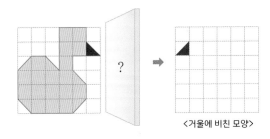

<거울에 비친 모양>

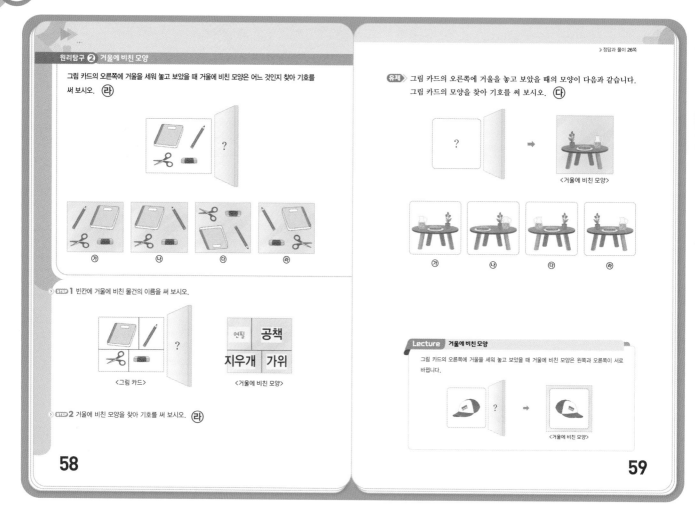

58
59

원리탐구 ②

STEP 1 거울에 비친 모양은 왼쪽과 오른쪽이 서로 바뀝니다.

STEP 2 물건이 놓인 위치와 놓여 있는 방향을 생각하여 거울에 비친 모양을 찾아봅니다.

유제 거울은 왼쪽과 오른쪽이 서로 바뀌어 보입니다. 거울 속에서는 왼쪽부터 꽃, 접시, 주스 병 순서로 놓여 있으므로 그림 카드에는 주스 병, 접시, 꽃 순서로 놓여 있어야 합니다.
주스 병, 접시, 꽃 순서로 놓여 있는 그림 카드 ㉮와 ㉱ 중에 주스 병이 놓여 있는 방향을 생각하면 ㉱가 알맞은 그림 카드입니다.

◆ Practice 팩토 ◆

▶ 정답과 풀이 27쪽

| 원리탐구 ❶ |
1 다음과 같이 거울을 그림의 위쪽에 세워 놓고 보았을 때 거울에 비친 모양을 그려 보시오.

| 원리탐구 ❶ |
3 도장을 찍었을 때 글자 '다'가 나오는 도장을 만들려고 합니다. 도장을 어떻게 새겨야 할지 그려 보시오.

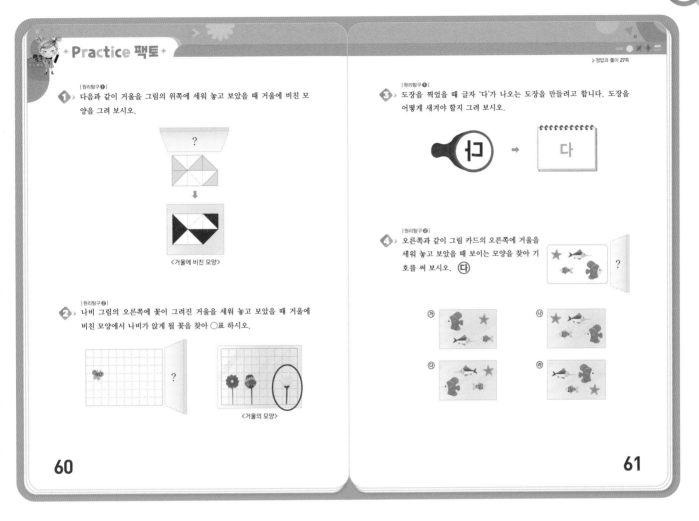

| 원리탐구 ❷ |
2 나비 그림의 오른쪽에 꽃이 그려진 거울을 세워 놓고 보았을 때 거울에 비친 모양에서 나비가 앉게 될 꽃을 찾아 ○표 하시오.

| 원리탐구 ❷ |
4 오른쪽과 같이 그림 카드의 오른쪽에 거울을 세워 놓고 보았을 때 보이는 모양을 찾아 기호를 써 보시오. **㉰**

60

61

---

1 거울을 위쪽에 놓고 보았으므로 그림의 위쪽과 아래쪽이 서로 바뀝니다.

2 거울에 비친 모양이 다음과 같으므로 나비가 앉게 될 꽃은 노란색 꽃입니다.

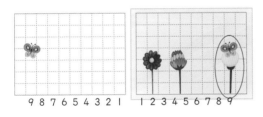

3 도장도 왼쪽과 오른쪽이 바뀌어 찍히므로 거울에 비친 모양과 같습니다. 왼쪽과 오른쪽이 서로 바뀌도록 글자를 써 봅니다.

4 그림을 네 부분으로 나누어 비교합니다.

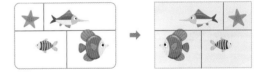

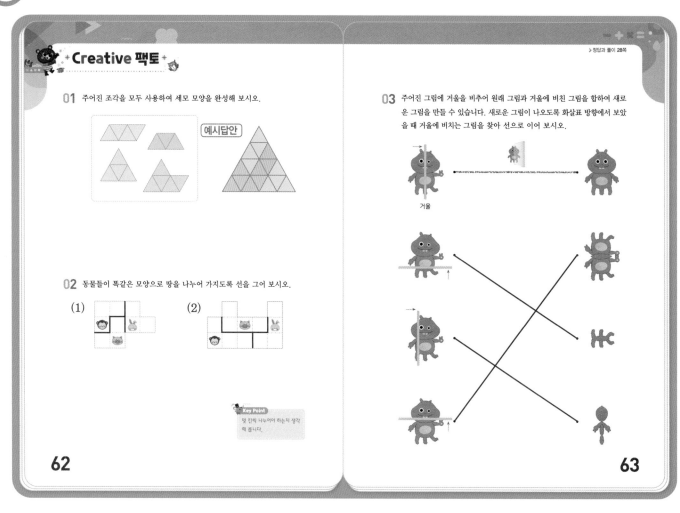

Creative 팩토

01 주어진 조각을 모두 사용하여 세모 모양을 완성해 보시오.

예시답안

02 동물들이 똑같은 모양으로 땅을 나누어 가지도록 선을 그어 보시오.

(1)

(2)

Key Point
몇 칸씩 나누어야 하는지 생각
해 봅니다.

62

▶정답과 풀이 28쪽

03 주어진 그림에 거울을 비추어 원래 그림과 거울에 비친 그림을 합하여 새로운 그림을 만들 수 있습니다. 새로운 그림이 나오도록 화살표 방향에서 보았을 때 거울에 비치는 그림을 찾아 선으로 이어 보시오.

거울

63

---

01 가장 큰 조각인 △ 조각부터 놓아 봅니다.

나머지 조각을 놓아 모양을 완성해 봅니다. 다음과 같이 조각을 놓을 수도 있습니다.

예시답안

TIP 주어진 조각을 뒤집거나 돌려서 만든 모양이 같은 경우도 정답으로 봅니다.

02 (1) 9칸이므로 3칸씩 나누어야 합니다.

따라서 ▭,  모양 중 I 가지입니다.

(2) I2칸이므로 4칸씩 나누어야 합니다.

따라서 ▭, ▭, ▭, ▭, ▭ 모양 중 I 가지입니다.

03 거울이 놓여 있는 위치와 방향을 생각하여 만들어지는 그림을 찾아봅니다.

TIP 먼저 거울에 비치는 그림을 예상해 보고, 실제로 거울을 놓아 보며 확인할 수 있도록 지도하는 것도 좋습니다.

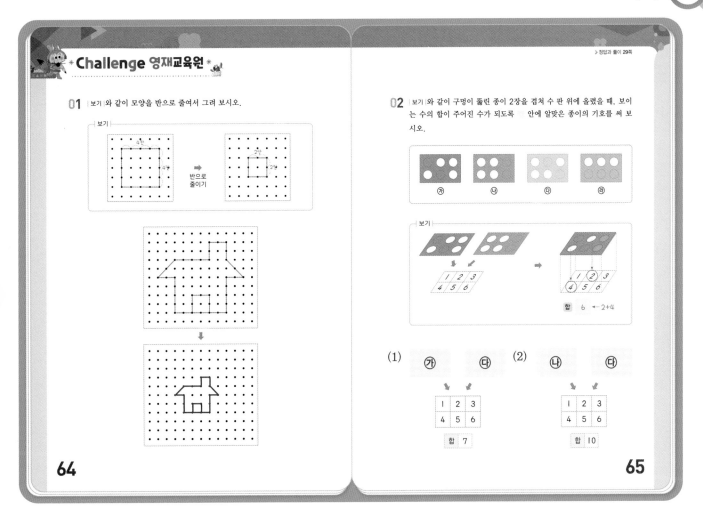

64

▶정답과 풀이 29쪽

65

---

01 2칸은 1칸으로, 4칸은 2칸으로, 6칸은 3칸으로 줄여서 그려 봅니다.

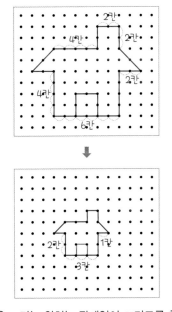

TIP 모양을 그리는 위치는 관계없이 그리도록 합니다.

02 (1) 수의 합이 7이 되는 경우는 1+6, 2+5, 3+4, 1+2+4입니다.

위와 같이 종이를 겹쳤을 때 보이는 수는 3과 4이므로 알맞은 종이는 ㉠, ㉢입니다.

(2) 수의 합이 10이 되는 경우는 4+6, 1+3+6, 1+4+5, 2+3+5입니다.

위와 같이 종이를 겹쳤을 때 보이는 수는 1, 4, 5이므로 알맞은 종이는 ㉡, ㉢입니다.

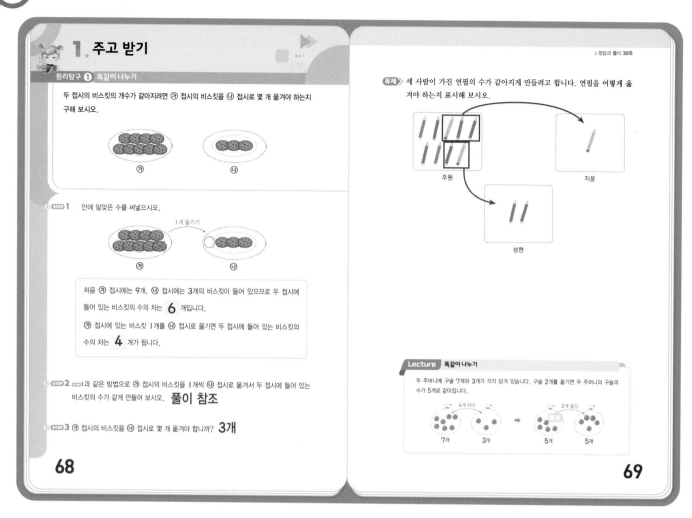

1. 주고 받기

원리탐구 ❶ 똑같이 나누기

두 접시의 비스킷의 개수가 같아지려면 ㉮ 접시의 비스킷을 ㉯ 접시로 몇 개 옮겨야 하는지 구해 보시오.

㉮　　　㉯

STEP 1 안에 알맞은 수를 써넣으시오.

1개 옮기기

㉮　　　㉯

처음 ㉮ 접시에는 9개, ㉯ 접시에는 3개의 비스킷이 들어 있으므로 두 접시에 들어 있는 비스킷의 수의 차는 **6** 개입니다.

㉮ 접시에 있는 비스킷 1개를 ㉯ 접시로 옮기면 두 접시에 들어 있는 비스킷의 수의 차는 **4** 개가 됩니다.

STEP 2 STEP 1과 같은 방법으로 ㉮ 접시의 비스킷을 1개씩 ㉯ 접시로 옮겨서 두 접시에 들어 있는 비스킷의 수가 같게 만들어 보시오. **풀이 참조**

STEP 3 ㉮ 접시의 비스킷을 ㉯ 접시로 몇 개 옮겨야 합니까? **3개**

68

> 정답과 풀이 30쪽

유제 세 사람이 가진 연필의 수가 같아지게 만들려고 합니다. 연필을 어떻게 옮겨야 하는지 표시해 보시오.

주원　　　지윤　　　성현

Lecture 똑같이 나누기

두 주머니에 구슬 7개와 3개가 각각 담겨 있습니다. 구슬 2개를 옮기면 두 주머니의 구슬의 수가 5개로 같아집니다.

4개 차이
7개　3개 → 2개 옮김 5개　5개

69

·원리탐구 ❶·

STEP 1 처음 ㉮ 접시와 ㉯ 접시에 들어 있는 비스킷의 수의 차는 6개입니다.
㉮ 접시에 있는 비스킷 1개를 ㉯ 접시로 옮기면 두 접시에 들어 있는 비스킷의 수의 차는 4개가 됩니다.

STEP 2 ㉮ 접시에 있는 비스킷 1개를 ㉯ 접시로 한 번 더 옮기면 두 접시에 들어 있는 비스킷 수의 차는 2개가 되고, 한 번 더 옮기면 두 접시에 들어 있는 비스킷의 수가 같게 됩니다.

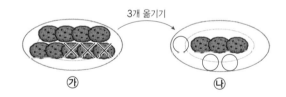

3개 옮기기

㉮　　　㉯

STEP 3 ㉮ 접시에 있는 비스킷 3개를 ㉯ 접시로 옮기면 두 접시에 있는 비스킷의 수가 같게 됩니다.

유제 지윤이의 연필의 수가 성현이와 같아지도록 주원이의 연필 1자루를 지윤이에게 줍니다.

주원　　　지윤　　　성현

주원, 지윤, 성현이가 가진 연필의 수가 같아지도록 주원이의 연필을 2자루씩 지윤이와 성현이에게 줍니다.

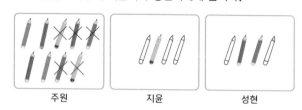

주원　　　지윤　　　성현

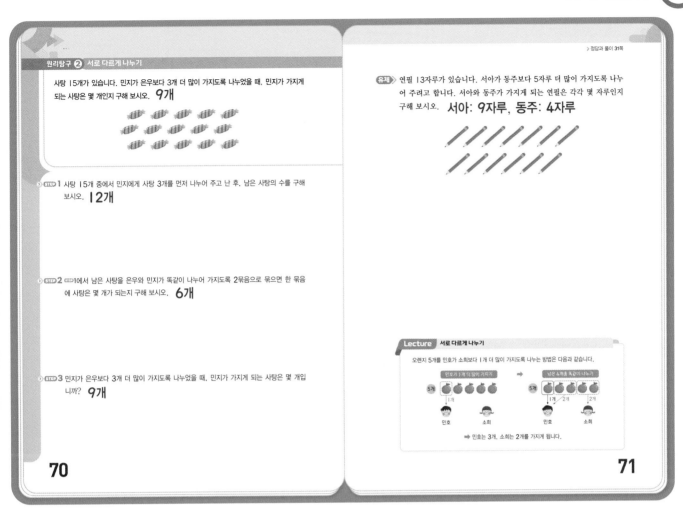

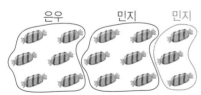

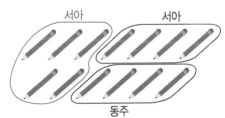

[왼쪽 상단 문제]

원리탐구 ❷ 서로 다르게 나누기

사탕 15개가 있습니다. 민지가 은우보다 3개 더 많이 가지도록 나누었을 때, 민지가 가지게 되는 사탕은 몇 개인지 구해 보시오. **9개**

> STEP1 사탕 15개 중에서 민지에게 사탕 3개를 먼저 나누어 주고 난 후, 남은 사탕의 수를 구해 보시오. **12개**

> STEP2 STEP1에서 남은 사탕을 은우와 민지가 똑같이 나누어 가지도록 2묶음으로 묶으면 한 묶음에 사탕은 몇 개가 되는지 구해 보시오. **6개**

> STEP3 민지가 은우보다 3개 더 많이 가지도록 나누었을 때, 민지가 가지게 되는 사탕은 몇 개입니까? **9개**

70

[오른쪽 상단]

> 정답과 풀이 31쪽

유제 연필 13자루가 있습니다. 서아가 동주보다 5자루 더 많이 가지도록 나누어 주려고 합니다. 서아와 동주가 가지게 되는 연필은 각각 몇 자루인지 구해 보시오. **서아: 9자루, 동주: 4자루**

Lecture 서로 다르게 나누기

오렌지 5개를 민호가 소희보다 1개 더 많이 가지도록 나누는 방법은 다음과 같습니다.

➡ 민호는 3개, 소희는 2개를 가지게 됩니다.

71

[하단 왼쪽]

원리탐구 ❷

STEP1 사탕 15개 중에서 3개를 민지에게 주고 남은 구슬을 세어 보면 12개입니다.

STEP2 남은 사탕 12개를 똑같이 둘로 나누면 6개씩 묶을 수 있습니다.

STEP3 민지는 더 가져간 3개와 둘이 똑같이 나눈 6개를 합하면 모두 9개의 사탕을 가지게 됩니다.

[하단 오른쪽]

유제 먼저 연필 5자루를 서아가 가져가고 남은 연필을 똑같이 둘로 나누면 4자루씩 묶을 수 있습니다.

따라서 서아가 가지게 되는 연필은 5＋4＝9(자루)이고, 동주가 가지게 되는 연필은 4자루입니다.

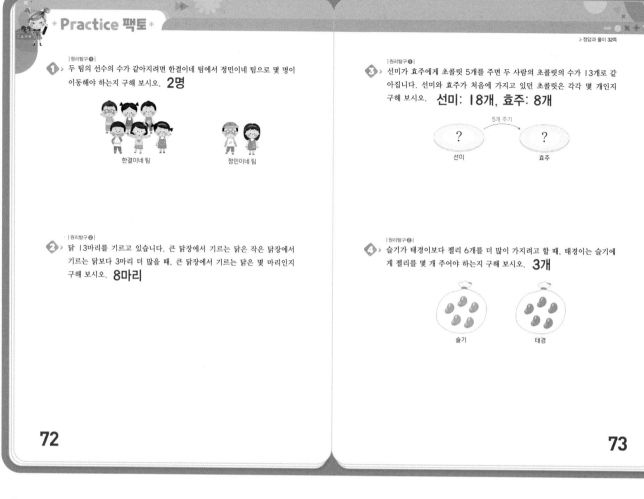

Ⅲ 문제해결력

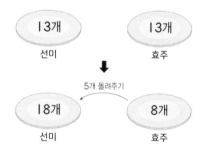

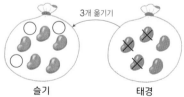

---

1 한결이네 팀에서 한 명씩 정민이네 팀으로 이동시킵니다.

따라서 두 팀의 선수가 같아지려면 한결이네 팀에서 정민이네 팀으로 2명 이동해야 합니다.

2 먼저 13마리 닭 중 3마리를 큰 닭장에 넣고, 남은 닭 10마리를 똑같이 둘로 나누면 5마리씩 묶을 수 있습니다.
따라서 큰 닭장에서 기르는 닭은 3＋5＝8(마리)입니다.

3 효주가 받은 초콜릿 5개를 돌려주면 선미와 효주가 처음에 가지고 있던 초콜릿의 수를 알 수 있습니다.

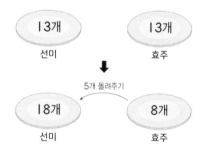

4 젤리를 1개씩 옮기면서 젤리의 개수의 차가 6개가 되는 경우를 찾아봅니다.

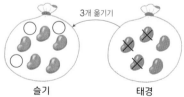

따라서 슬기가 태경이보다 젤리 6개를 더 많이 가지려면 태경이는 슬기에게 젤리 3개를 주어야 합니다.

2. 그림 그려 해결하기

원리탐구 ① 그림 그리기

다리 3개짜리 의자와 4개짜리 의자가 합하여 4개 있습니다. 다리의 수가 모두 14개일
때, 다리 3개짜리 의자와 4개짜리 의자는 각각 몇 개인지 그림을 그려 구해 보시오.

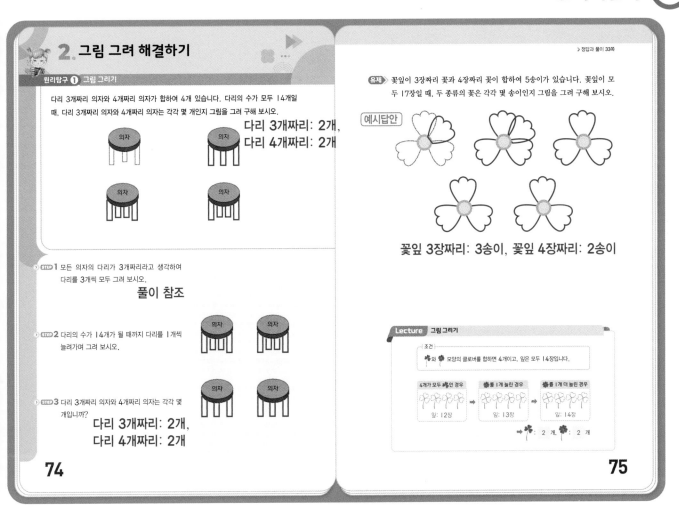

다리 3개짜리: 2개,
다리 4개짜리: 2개

STEP 1 모든 의자의 다리가 3개짜리라고 생각하여
다리를 3개씩 모두 그려 보시오.

풀이 참조

STEP 2 다리의 수가 14개가 될 때까지 다리를 1개씩
늘려가며 그려 보시오.

STEP 3 다리 3개짜리 의자와 4개짜리 의자는 각각 몇
개입니까?

다리 3개짜리: 2개,
다리 4개짜리: 2개

74

▶ 정답과 풀이 33쪽

유제 꽃잎이 3장짜리 꽃과 4장짜리 꽃이 합하여 5송이가 있습니다. 꽃잎이 모
두 17장일 때, 두 종류의 꽃은 각각 몇 송이인지 그림을 그려 구해 보시오.

예시답안

꽃잎 3장짜리: 3송이, 꽃잎 4장짜리: 2송이

Lecture 그림 그리기

조건

🍀와 🍀 모양의 클로버를 합하면 4개이고, 잎은 모두 14장입니다.

| 4개가 모두 🍀인 경우 | → | 🍀를 1개 늘린 경우 | → | 🍀를 1개 더 늘린 경우 |
| 잎: 12장 | | 잎: 13장 | | 잎: 14장 |

➡ 🍀 : 2 개, 🍀 : 2 개

75

원리탐구 ①

STEP 1 모든 의자의 다리가 3개라고 생각하며 그림을 그리면 다음
과 같습니다.

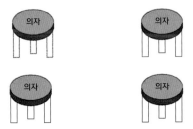

의자의 다리는 모두 12개입니다.

STEP 2 다리를 1개씩 늘려가며 그림을 그리다가 다리의 수가 14개
가 될 때를 찾습니다.

STEP 3 다리 3개짜리 의자는 2개, 다리 4개짜리 의자는 2개입니다.

유제 모두 꽃잎이 3장인 꽃이라고 생각하고 그림을 그려 보면 다
음과 같습니다.

꽃잎을 1장씩 더 그리면서 꽃잎이 모두 17장이 될 때를 찾
습니다. 꽃잎이 3장인 꽃은 3송이, 꽃잎이 4장인 꽃은 2송
이입니다.

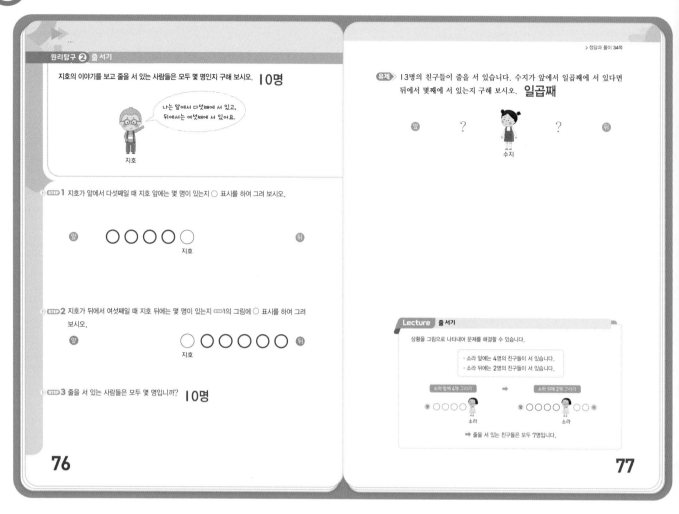

> 정답과 풀이 34쪽

원리탐구 ❷ 줄 서기

지호의 이야기를 보고 줄을 서 있는 사람들은 모두 몇 명인지 구해 보시오. **10명**

나는 앞에서 다섯째에 서 있고,
뒤에서는 여섯째에 서 있어요.

지호

STEP 1 지호가 앞에서 다섯째일 때 지호 앞에는 몇 명이 있는지 ○ 표시를 하여 그려 보시오.

앞 ○○○○○ 뒤
지호

STEP 2 지호가 뒤에서 여섯째일 때 지호 뒤에는 몇 명이 있는지 STEP 1의 그림에 ○ 표시를 하여 그려 보시오.

앞 ○○○○○○ 뒤
지호

STEP 3 줄을 서 있는 사람들은 모두 몇 명입니까? **10명**

유제 13명의 친구들이 줄을 서 있습니다. 수지가 앞에서 일곱째에 서 있다면 뒤에서 몇째에 서 있는지 구해 보시오. **일곱째**

앞 ? 수지 ? 뒤

Lecture 줄 서기

상황을 그림으로 나타내어 문제를 해결할 수 있습니다.

· 소라 앞에는 4명의 친구들이 서 있습니다.
· 소라 뒤에는 2명의 친구들이 서 있습니다.

소라 앞에 4명 그리기 ➡ 소라 뒤에 2명 그리기
앞 ○○○○ 소라 앞 ○○○○ 소라 ○○ 뒤

➡ 줄을 서 있는 친구들은 모두 7명입니다.

76

77

원리탐구 ❷

STEP 1 지호는 앞에서 다섯째에 서 있으므로 지호 앞에는 4명이 서 있습니다. 따라서 지호 앞으로 ○를 4개 그립니다.

앞 ○○○○○ 뒤
지호

STEP 2 지호는 뒤에서 여섯째에 서 있으므로 지호 뒤에는 5명이 서 있습니다. 따라서 지호 뒤로 ○를 5개 그립니다.

앞 ○○○○○○○○○○ 뒤
지호

STEP 3 지호를 포함하여 ○의 수를 모두 세어 보면 10개이므로 줄을 서 있는 사람들은 모두 10명입니다.

유제 수지가 앞에서 일곱째에 서 있으므로 수지 앞에는 6명이 서 있습니다. 수지를 포함하여 모두 13명의 친구들이 줄을 서 있으므로 수지 뒤에는 6명이 서 있습니다.

앞 ○○○○○○○○○○○○○ 뒤
수지

따라서 수지는 뒤에서 일곱째에 서 있습니다.

Practice 팩토

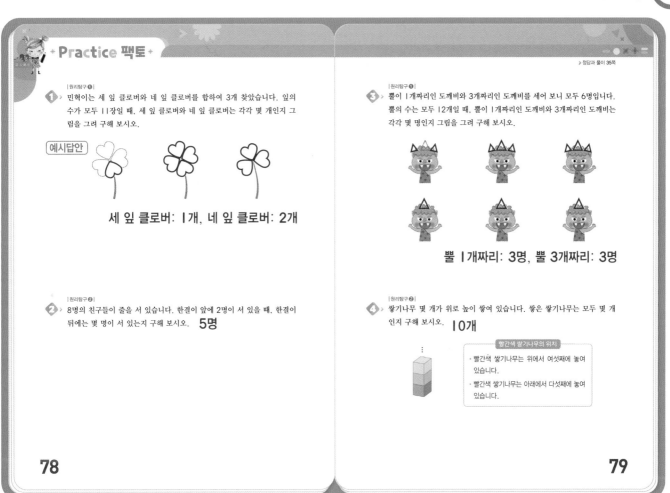

1 | 원리탐구 ❶ |
민혁이는 세 잎 클로버와 네 잎 클로버를 합하여 3개 찾았습니다. 잎의 수가 모두 11장일 때, 세 잎 클로버와 네 잎 클로버는 각각 몇 개인지 그림을 그려 구해 보시오.

예시답안

세 잎 클로버: 1개, 네 잎 클로버: 2개

2 | 원리탐구 ❷ |
8명의 친구들이 줄을 서 있습니다. 한결이 앞에 2명이 서 있을 때, 한결이 뒤에는 몇 명이 서 있는지 구해 보시오. **5명**

3 | 원리탐구 ❶ |
뿔이 1개짜리인 도깨비와 3개짜리인 도깨비를 세어 보니 모두 6명입니다. 뿔의 수는 모두 12개일 때, 뿔이 1개짜리인 도깨비와 3개짜리인 도깨비는 각각 몇 명인지 그림을 그려 구해 보시오.

뿔 1개짜리: 3명, 뿔 3개짜리: 3명

4 | 원리탐구 ❷ |
쌓기나무 몇 개가 위로 높이 쌓여 있습니다. 쌓은 쌓기나무는 모두 몇 개인지 구해 보시오. **10개**

> **빨간색 쌓기나무의 위치**
> • 빨간색 쌓기나무는 위에서 여섯째에 놓여 있습니다.
> • 빨간색 쌓기나무는 아래에서 다섯째에 놓여 있습니다.

78　　79

---

1 모두 세 잎 클로버라고 생각하고 잎을 3장씩 그리면 잎의 수는 모두 9장입니다. 잎의 수가 11장이 될 때까지 잎을 1장씩 그리면 세 잎 클로버는 1개, 네 잎 클로버는 2개입니다.

2 친구들은 모두 8명이고, 한결이 앞에 2명이 서 있으므로 한결이 뒤에는 5명이 서 있습니다.

앞 ○○○○○○○○ 뒤
한결

3 모두 뿔 1개라고 생각하고 그림을 그려 보면 다음과 같습니다.

도깨비마다 뿔을 2개씩 더 그리면서 뿔이 모두 12개일 때를 찾습니다. 뿔이 1개짜리인 도깨비와 뿔 3개짜리인 도깨비가 각각 3명입니다.

4 빨간색 쌓기나무 위로는 쌓기나무가 5개가 있고, 빨간색 쌓기나무 아래로는 쌓기나무가 4개 있습니다.
따라서 쌓은 쌓기나무는 모두 10개입니다.

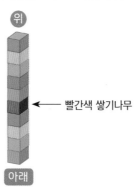

위 / 빨간색 쌓기나무 / 아래

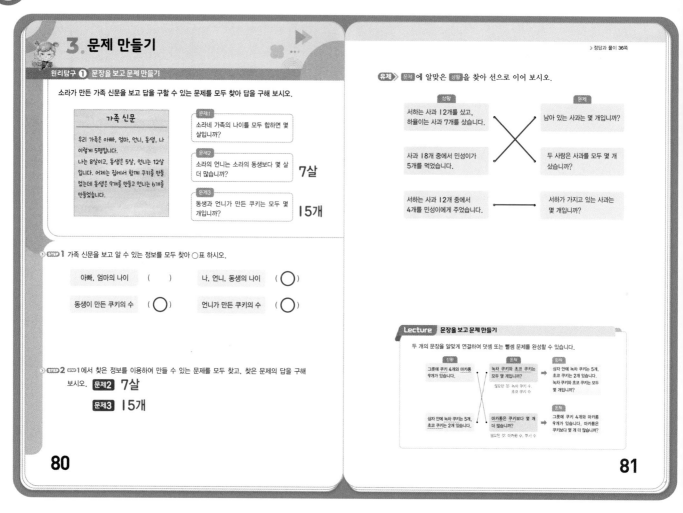

3. 문제 만들기

원리탐구 ❶ 문장을 보고 문제 만들기

소라가 만든 가족 신문을 보고 답을 구할 수 있는 문제를 모두 찾아 답을 구해 보시오.

가족 신문

우리 가족은 아빠, 엄마, 언니, 동생, 나 이렇게 5명입니다.
나는 8살이고, 동생은 5살, 언니는 12살 입니다. 어제는 집에서 함께 쿠키를 만들 었는데 동생은 9개를 만들고 언니는 6개를 만들었습니다.

문제1
소라네 가족의 나이를 모두 합하면 몇 살입니까?

문제2
소라의 언니는 소라의 동생보다 몇 살 더 많습니까? **7살**

문제3
동생과 언니가 만든 쿠키는 모두 몇 개입니까? **15개**

STEP1 가족 신문을 보고 알 수 있는 정보를 모두 찾아 ○표 하시오.

아빠, 엄마의 나이 ( )   나, 언니, 동생의 나이 (○)

동생이 만든 쿠키의 수 (○)   언니가 만든 쿠키의 수 (○)

STEP2 STEP1에서 찾은 정보를 이용하여 만들 수 있는 문제를 모두 찾고, 찾은 문제의 답을 구해 보시오.   문제2 **7살**

문제3 **15개**

80

정답과 풀이 36쪽

유제 문제에 알맞은 상황을 찾아 선으로 이어 보시오.

상황	문제
서하는 사과 12개를 샀고, 하율이는 사과 7개를 샀습니다.	남아 있는 사과는 몇 개입니까?
사과 18개 중에서 민성이가 5개를 먹었습니다.	두 사람은 사과를 모두 몇 개 샀습니까?
서하는 사과 12개 중에서 4개를 민성이에게 주었습니다.	서하가 가지고 있는 사과는 몇 개입니까?

Lecture 문장을 보고 문제 만들기

두 개의 문장을 알맞게 연결하여 덧셈 또는 뺄셈 문제를 완성할 수 있습니다.

상황: 그릇에 쿠키 4개와 마카롱 9개가 있습니다.
문제: 녹차 쿠키와 초코 쿠키는 모두 몇 개입니까?
필요한 것: 녹차 쿠키 수, 초코 쿠키 수
문제: 상자 안에 녹차 쿠키는 5개, 초코 쿠키는 2개 있습니다. 녹차 쿠키와 초코 쿠키는 모두 몇 개입니까?

상황: 상자 안에 녹차 쿠키는 5개, 초코 쿠키는 2개 있습니다.
문제: 마카롱은 쿠키보다 몇 개 더 많습니까?
필요한 것: 마카롱 수, 쿠키 수
문제: 그릇에 쿠키 4개와 마카롱 9개가 있습니다. 마카롱은 쿠키보다 몇 개 더 많습니까?

81

원리탐구 ❶

STEP1 가족 신문에서 아빠, 엄마의 나이에 대한 정보는 찾을 수 없습니다.

STEP2 문제1 소라네 가족의 나이를 모두 합하면 몇 살입니까?

➡ 아빠, 엄마의 나이를 알 수 없으므로 문제를 만들 수 없습니다.

문제2 소라의 언니는 소라의 동생보다 몇 살 더 많습니까?

➡ 12−5=7(살)

문제3 동생과 언니가 만든 쿠키의 수는 모두 몇 개입니까?

➡ 9+6=15(개)

유제 문제에 필요한 상황을 찾아 선으로 이어 본 다음 연결하여 읽어 보았을 때 문제가 완성되는지 확인해 봅니다.

· 서하는 사과 12개를 샀고, 하율이는 사과 7개를 샀습니다. 두 사람은 사과를 모두 몇 개 샀습니까?

· 사과 18개 중에서 민성이가 5개를 먹었습니다. 남아 있는 사과는 몇 개입니까?

· 서하는 사과 12개 중에서 4개를 민성이에게 주었습니다. 서하가 가지고 있는 사과는 몇 개입니까?

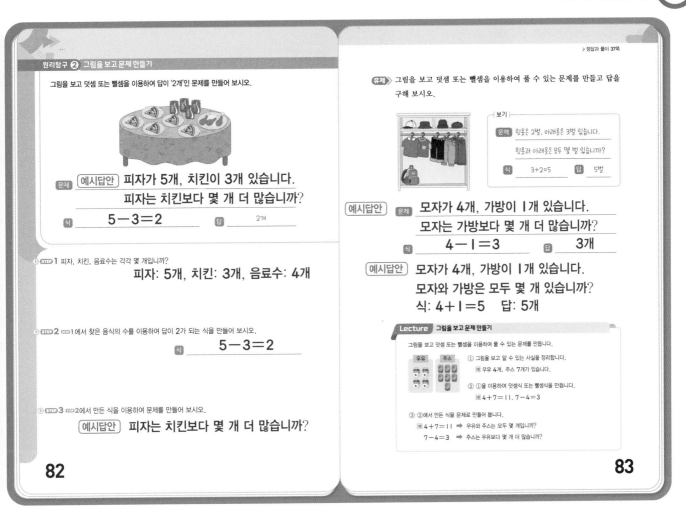

원리탐구 ❷ 그림을 보고 문제 만들기

그림을 보고 덧셈 또는 뺄셈을 이용하여 답이 '2개'인 문제를 만들어 보시오.

문제 [예시답안] 피자가 5개, 치킨이 3개 있습니다.
피자는 치킨보다 몇 개 더 많습니까?

식 5−3=2 답 2개

STEP 1 피자, 치킨, 음료수는 각각 몇 개입니까?

피자: 5개, 치킨: 3개, 음료수: 4개

STEP 2 STEP 1에서 찾은 음식의 수를 이용하여 답이 2가 되는 식을 만들어 보시오.

식 5−3=2

STEP 3 STEP 2에서 만든 식을 이용하여 문제를 만들어 보시오.

[예시답안] 피자는 치킨보다 몇 개 더 많습니까?

82

유제 그림을 보고 덧셈 또는 뺄셈을 이용하여 풀 수 있는 문제를 만들고 답을 구해 보시오.

보기
문제 윗옷은 2벌, 아래옷은 3벌 있습니다.

윗옷과 아래옷은 모두 몇 벌 있습니까?
식 3+2=5 답 5벌

[예시답안] 문제 모자가 4개, 가방이 1개 있습니다.
모자는 가방보다 몇 개 더 많습니까?
식 4−1=3 답 3개

[예시답안] 모자가 4개, 가방이 1개 있습니다.
모자와 가방은 모두 몇 개 있습니까?
식: 4+1=5 답: 5개

Lecture 그림을 보고 문제 만들기

그림을 보고 덧셈 또는 뺄셈을 이용하여 풀 수 있는 문제를 만듭니다.

우유 주스

① 그림을 보고 알 수 있는 사실을 정리합니다.
예 우유 4개, 주스 7개가 있습니다.

② ①을 이용하여 덧셈식 또는 뺄셈식을 만듭니다.
예 4+7=11, 7−4=3

③ ②에서 만든 식을 문제로 만들어 봅니다.
예 4+7=11 ➡ 우유와 주스는 모두 몇 개입니까?
7−4=3 ➡ 주스는 우유보다 몇 개 더 많습니까?

83

원리탐구 ❷

STEP 1 주어진 그림에서 피자, 치킨, 음료수의 수를 세어 보면 피자는 5개, 치킨은 3개, 음료수는 4개입니다.

STEP 2 피자 5개와 치킨 3개의 차가 2개입니다.

STEP 3 뺄셈식에 알맞은 문제를 만듭니다.

[예시답안]
문제 치킨은 피자보다 몇 개 더 적습니까?

식 5−3=2 답 2개

유제 주어진 그림에서 알 수 있는 사실을 정리해 보면 모자는 4개, 윗옷은 2벌, 아래옷은 3벌, 가방은 1개입니다.
그림에 있는 정보를 이용하여 만들 수 있는 문제는 여러 가지입니다.

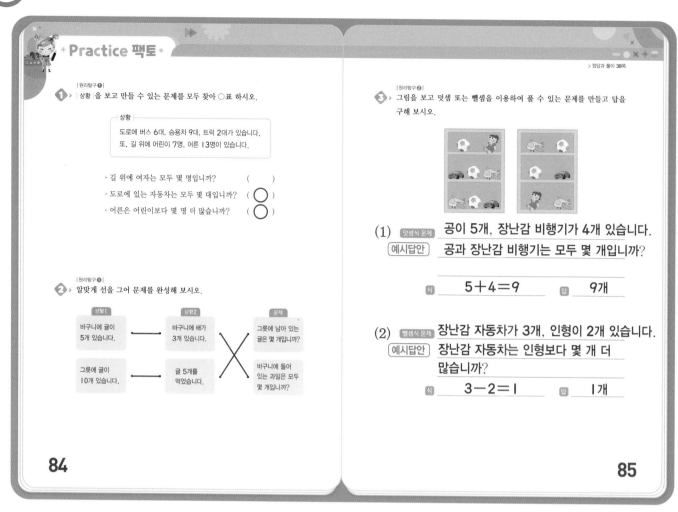

▷정답과 풀이 38쪽

1 • 길 위에 여자는 모두 몇 명입니까? (✕)

➡ 길 위에 있는 사람 중 여자가 몇 명인지는 알 수 없습니다.

2 문제에 필요한 상황을 찾아 선으로 이어 본 다음 연결하여 읽어 보았을 때 문제가 완성되는지 확인해 봅니다.

• 바구니에 귤이 5개 있습니다. 바구니에 배가 3개 있습니다. 바구니에 들어 있는 과일은 모두 몇 개입니까?

• 그릇에 귤이 10개 있습니다. 귤 5개를 먹었습니다. 그릇에 남아 있는 귤은 몇 개입니까?

3 먼저 각 물건의 개수를 세어 보고 덧셈식 또는 뺄셈식으로 나타내어 봅니다.

장난감 자동차는 3개, 인형은 2개, 장난감 비행기는 4개, 공은 5개입니다.

그림에 있는 정보를 이용하여 만들 수 있는 문제는 여러 가지입니다.

(1) [예시답안]

[덧셈식 문제] 공, 장난감 자동차, 장난감 비행기는 모두

몇 개입니까?

[식] 5+3+4=12 　 [답] 12개

(2) [예시답안]

[덧셈식 문제] 공은 장난감 자동차보다 몇 개 더 많습니까?

[식] 5-3=2 　 [답] 2개

4. 2가지 기준으로 표 만들어 해결하기

▶정답과 풀이 39쪽

원리탐구 ① 2가지 기준으로 표 만들기

기준에 따라 분류하여 빈칸에 알맞은 번호를 써넣으시오.

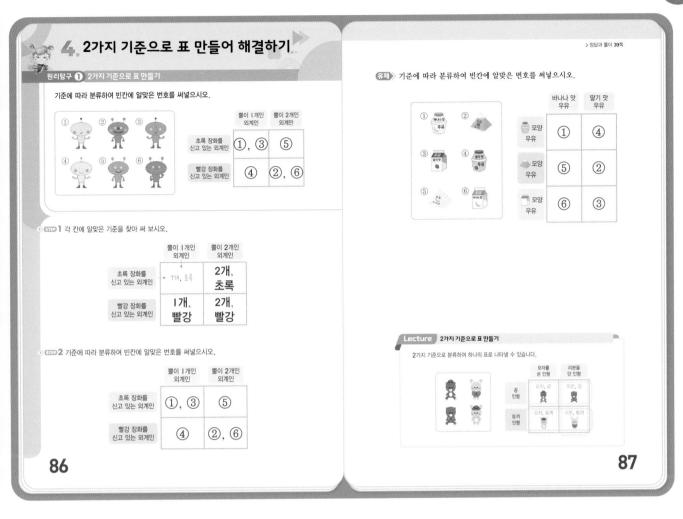

STEP 1 각 칸에 알맞은 기준을 찾아 써 보시오.

	뿔이 1개인 외계인	뿔이 2개인 외계인
초록 장화를 신고 있는 외계인	1개, 초록	**2개, 초록**
빨강 장화를 신고 있는 외계인	**1개, 빨강**	**2개, 빨강**

STEP 2 기준에 따라 분류하여 빈칸에 알맞은 번호를 써넣으시오.

	뿔이 1개인 외계인	뿔이 2개인 외계인
초록 장화를 신고 있는 외계인	①, ③	⑤
빨강 장화를 신고 있는 외계인	④	②, ⑥

유제 기준에 따라 분류하여 빈칸에 알맞은 번호를 써넣으시오.

	바나나 맛 우유	딸기 맛 우유
모양 우유	①	④
모양 우유	⑤	②
모양 우유	⑥	③

Lecture 2가지 기준으로 표 만들기

2가지 기준으로 분류하여 하나의 표로 나타낼 수 있습니다.

	모자를 쓴 인형	리본을 단 인형
곰 인형	모자, 곰	리본, 곰
토끼 인형	모자, 토끼	리본, 토끼

86

87

원리탐구 ①

STEP 1 가로줄과 세로줄에 알맞은 기준을 모두 써 봅니다.

STEP 2 STEP 1에 쓴 기준을 보고 각 칸에 알맞은 외계인을 찾아 번호를 써넣습니다.

TIP 기준이 뿔의 개수와 장화의 색깔이므로 이때는 장화의 색깔 이외의 색깔 속성은 관계없이 찾도록 합니다.

유제 각 칸에 알맞은 기준을 먼저 생각해 봅니다.

	바나나 맛 우유	딸기 맛 우유
모양 우유	바나나 맛, 모양	딸기 맛, 모양
모양 우유	바나나 맛, 모양	딸기 맛, 모양
모양 우유	바나나 맛, 모양	딸기 맛, 모양

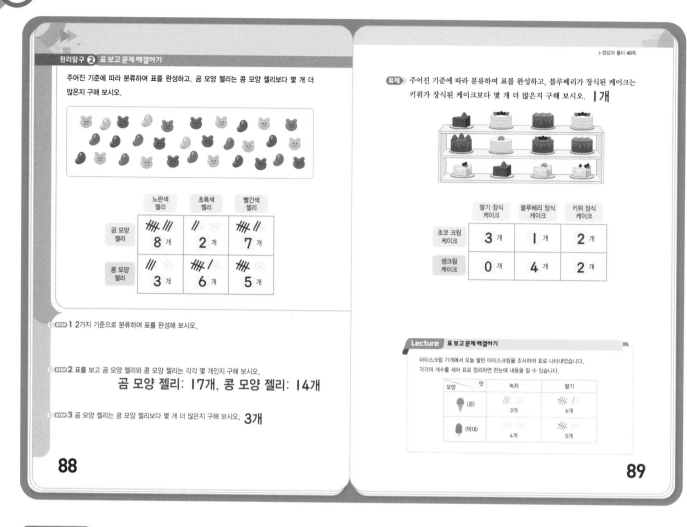

> 정답과 풀이 40쪽

원리탐구 ②

STEP 1 STEP 2

두 가지 기준(모양, 색깔)에 따라 젤리의 수를 세어 표를 완성해 봅니다.

	노란색 젤리	초록색 젤리	빨간색 젤리
곰 모양 젤리	8 개	2 개	7 개
콩 모양 젤리	3 개	6 개	5 개

곰 모양 젤리: 8＋2＋7＝17(개)

콩 모양 젤리: 3＋6＋5＝14(개)

STEP 3 곰 모양 젤리는 콩 모양 젤리보다 17－14＝3(개) 더 많습니다.

유제 표를 보며 주어진 문제의 답을 구해 봅니다.

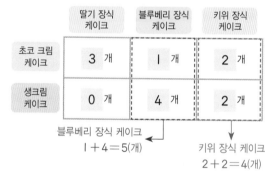

블루베리 장식 케이크
1＋4＝5(개)

키위 장식 케이크
2＋2＝4(개)

따라서 블루베리가 장식된 케이크는 키위가 장식된 케이크보다 5－4＝1(개) 더 많습니다.

Practice 팩토

› 정답과 풀이 **41**쪽

| 원리탐구 ❶ |

1. 기준에 따라 분류하였습니다. 잘못 들어간 것을 찾아 기호를 써 보시오. **㉰**

| 원리탐구 ❷ |

3. 주어진 기준에 따라 분류하여 표를 완성하고, ☐ 안에 알맞은 말이나 수를 써넣으시오.

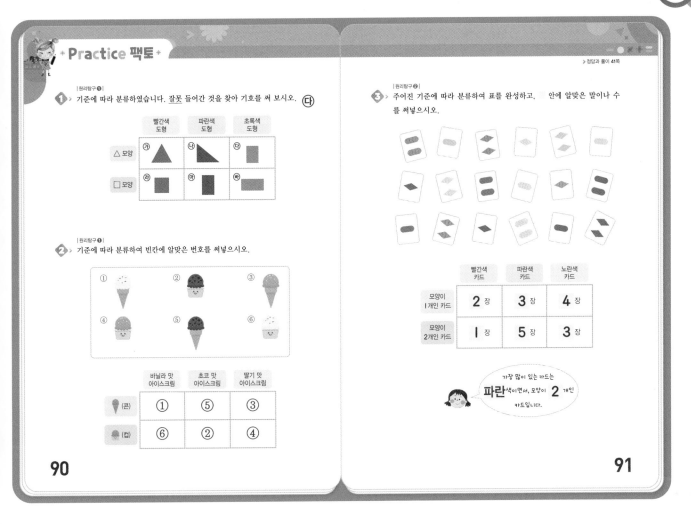

| 원리탐구 ❶ |

2. 기준에 따라 분류하여 빈칸에 알맞은 번호를 써넣으시오.

	빨간색 카드	파란색 카드	노란색 카드
모양이 1개인 카드	**2** 장	**3** 장	**4** 장
모양이 2개인 카드	**1** 장	**5** 장	**3** 장

가장 많이 있는 카드는 **파란**색이면서, 모양이 **2**개인 카드입니다.

90

91

---

1. ㉰(⬛)는 초록색이면서 ☐ 모양이므로 잘못 들어갔습니다.

2. 각 칸에 알맞은 기준을 먼저 생각해 봅니다.

	바닐라 맛 아이스크림	초코 맛 아이스크림	딸기 맛 아이스크림
🍦(콘)	바닐라 맛, 콘	초코 맛, 콘	딸기 맛, 콘
🍨(컵)	바닐라 맛, 컵	초코 맛, 컵	딸기 맛, 컵

3.
- 빨간색이면서 모양이 1개인 카드: 2장
- 빨간색이면서 모양이 2개인 카드: 1장
- 파란색이면서 모양이 1개인 카드: 3장
- 파란색이면서 모양이 2개인 카드: 5장
- 노란색이면서 모양이 1개인 카드: 4장
- 노란색이면서 모양이 2개인 카드: 3장

따라서 가장 많이 있는 카드는 파란색이면서 모양이 2개인 카드입니다.

✦ Creative 팩토 ✦

＞정답과 풀이 42쪽

01 수지, 민성, 다연이가 가진 구슬의 개수를 각각 구해 보시오.

수지 : 우리가 가지고 있는 구슬은 모두 15개야.

민성 : 나는 구슬 5개를 가지고 있어!

다연 : 내가 수지에게 구슬 2개를 주면 수지와 나의 구슬의 개수가 같아져.

수지: 3개, 민성: 5개, 다연: 7개

02 밑줄 친 부분을 바르게 고쳐 보시오. 7명

8명이 달리기 시합을 했습니다.
나는 4등으로 들어왔고, 나의 뒤로 3명의 친구들이 들어왔습니다.

03 문장 카드가 9장 있습니다. 문장 카드를 3장씩 연결하면 하나의 문제가
만들어집니다. 문제 3개를 만들기 위해 카드를 어떻게 연결해야 하는지
문장 카드를 찾아 번호를 써 보시오.

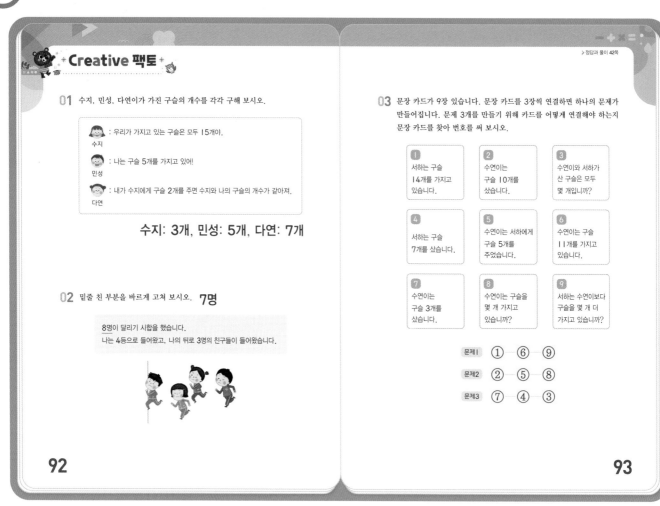

| 1 서하는 구슬 14개를 가지고 있습니다. | 2 수연이는 구슬 10개를 샀습니다. | 3 수연이와 서하가 산 구슬은 모두 몇 개입니까? |

| 4 서하는 구슬 7개를 샀습니다. | 5 수연이는 서하에게 구슬 5개를 주었습니다. | 6 수연이는 구슬 11개를 가지고 있습니다. |

| 7 수연이는 구슬 3개를 샀습니다. | 8 수연이는 구슬을 몇 개 가지고 있습니까? | 9 서하는 수연이보다 구슬을 몇 개 더 가지고 있습니까? |

문제1 ① ─ ⑥ ─ ⑨

문제2 ② ─ ⑤ ─ ⑧

문제3 ⑦ ─ ④ ─ ③

01

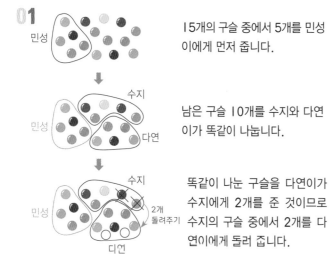

15개의 구슬 중에서 5개를 민성이에게 먼저 줍니다.

남은 구슬 10개를 수지와 다연이가 똑같이 나눕니다.

똑같이 나눈 구슬을 다연이가 수지에게 2개를 준 것이므로 수지의 구슬 중에서 2개를 다연이에게 돌려 줍니다.

02 나는 4등으로 들어왔으므로 나의 앞에는 3명의 친구들이 먼저 들어왔고, 나의 뒤로 3명의 친구들이 나중에 들어왔습니다. 따라서 달리기 시합을 한 친구들은 모두 7명입니다.

03 문제가 될 수 있는 문장 카드를 찾아보면 ③, ⑧, ⑨입니다. 문제를 보고 필요한 상황 2개씩을 찾아봅니다.

TIP 다음과 같이 문제를 만들지 않도록 주의합니다.
"수연이는 구슬 3개를 샀습니다. 수연이는 서하에게 구슬 5개를 주었습니다. 수연이는 구슬을 몇 개 가지고 있습니까?"

▶정답과 풀이 43쪽

01 그림을 보고 합이 가장 큰 덧셈식, 차가 가장 작은 뺄셈식을 이용하여 풀 수 있는 문제를 만들고 답을 구해 보시오.

합이 가장 큰 덧셈식

문제 (예시답안) 양이 5마리, 닭이 4마리 있습니다. 양과 닭은 모두 몇 마리입니까?

식 $5+4=9$ 답 9마리

차가 가장 작은 뺄셈식

문제 (예시답안) 양이 5마리, 닭이 4마리 있습니다. 양은 닭보다 몇 마리 더 많습니까?

식 $5-4=1$ 답 1마리

94

02 여러 가지 모양을 다음과 같이 분류하여 나누어 놓으려고 합니다. 물음에 답해 보시오.

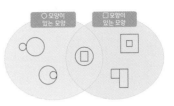

(1) 위의 그림을 보고 각각의 색깔 칸에 들어갈 모양을 찾아 선으로 이어 보시오.

(2) 연두색 칸에 들어갈 모양을 찾아 ○표 하시오.

95

---

01 그림에 나온 사실을 정리하여 덧셈식 또는 뺄셈식으로 만듭니다.

• 그림을 보면 닭은 4마리, 젖소는 3마리, 양은 5마리, 다람쥐는 2마리입니다.

• 합이 가장 큰 덧셈식은 동물의 수가 가장 많은 양의 수와 그다음으로 많은 닭의 수를 더해야 합니다.

• 차가 가장 작은 뺄셈식은 동물의 수가 가장 비슷한 것끼리 빼야 합니다.

TIP 아이들이 문제를 이해하지 못할 경우에는 '합이 가장 큰 덧셈식'은 '답을 가장 크게 만들기'로, '차가 가장 작은 뺄셈식'은 '답을 가장 작게 만들기'로 바꾸어 문제를 만들도록 지도합니다.

02 • 하늘색 칸은 ○ 모양과 □ 모양 중에서 ○ 모양만 있는 모양이 들어갑니다.

예

• 연두색 칸은 ○와 □ 모양이 모두 있는 모양이 들어갑니다.

예

• 분홍색 칸은 ○ 모양과 □ 모양 중에서 □ 모양만 있는 모양이 들어갑니다.

예

평가

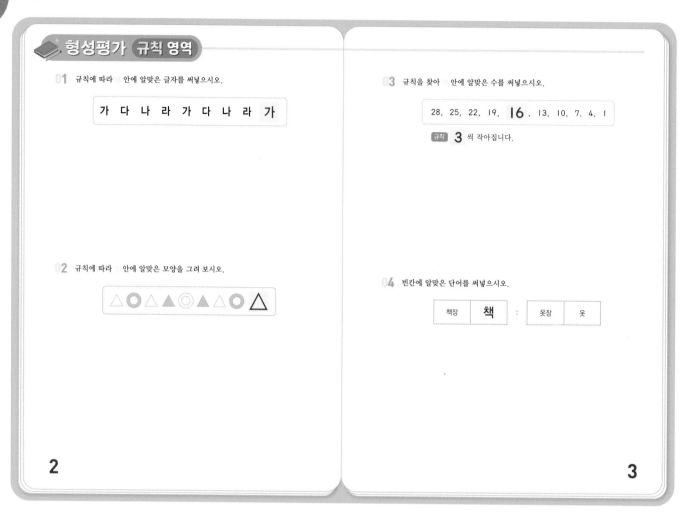

01 규칙에 따라 ⬜ 안에 알맞은 글자를 써넣으시오.

| 가 | 다 | 나 | 라 | 가 | 다 | 나 | 라 | **가** |

02 규칙에 따라 ⬜ 안에 알맞은 모양을 그려 보시오.

△ ◎ ▲ ◉ ▲ △ ○ △

03 규칙을 찾아 ⬜ 안에 알맞은 수를 써넣으시오.

28, 25, 22, 19, **16**, 13, 10, 7, 4, 1

규칙 **3** 씩 작아집니다.

04 빈칸에 알맞은 단어를 써넣으시오.

| 책장 | **책** | : | 옷장 | 옷 |

2

3

---

01 '가 다 나 라'가 반복되고 있으므로, '라' 다음에 올 글자는 '가'입니다.

02 모양은 '△, ◎, △'가 반복되고 색깔은 '흰색, 주황색'이 반복되는 규칙입니다.

03 28부터 시작하여 3씩 작아지는 규칙입니다.
$19 - 3 = 16$

04

| 책장 | 책 | : | 옷장 | 옷 |

옷장 안에 들어 있는 것은 옷이고, 책장 안에 들어 있는 것은 책입니다.

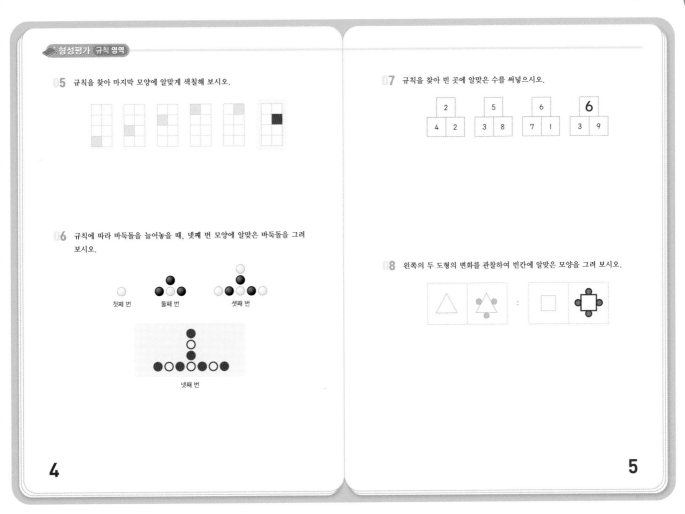

05 규칙을 찾아 마지막 모양에 알맞게 색칠해 보시오.

06 규칙에 따라 바둑돌을 늘어놓을 때, 넷째 번 모양에 알맞은 바둑돌을 그려 보시오.

첫째 번　　둘째 번　　　셋째 번

넷째 번

07 규칙을 찾아 빈 곳에 알맞은 수를 써넣으시오.

08 왼쪽의 두 도형의 변화를 관찰하여 빈칸에 알맞은 모양을 그려 보시오.

4

5

---

05 색칠한 칸이 시계 방향으로 한 칸씩 이동하는 규칙입니다.

06 바둑돌의 개수는 위, 왼쪽, 오른쪽으로 1개씩 많아지고, 바둑돌의 색깔은 '흰색, 검은색'이 반복되는 규칙입니다.

07 아래에 쓰인 두 수의 차가 위에 있는 수가 되는 규칙입니다.

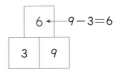

$6 \leftarrow 9 - 3 = 6$

08

도형의 각 테두리(변)에 색칠한 원이 1개씩 생겼습니다.

평가

09 규칙에 따라 단추를 늘어놓을 때, ☐ 안에 알맞은 단추의 모양을 그려 보시오.

10 규칙을 찾아 빈 곳에 알맞은 수를 써넣으시오.

수고하셨습니다!

정답과 풀이 44쪽

6

---

09 모양은 'O, △'가 반복되고, 단춧구멍은 '2개, 3개, 3개'가 반복되는 규칙입니다.

10 마주 보는 두 수의 합이 가운데 ⬤ 모양에 쓰인 수와 같은 규칙입니다.

➡ ㉮＝3＋3＝6

➡ 5＋㉯＝6, ㉯＝1

➡ ㉰＝5＋4＝9

➡ 1＋㉱＝9, ㉱＝8

형성평가 기하 영역

01 주어진 조각을 모두 사용하여 아이스크림 모양을 완성해 보시오.

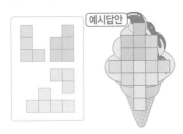

예시답안

02 사탕이 남지 않도록 가로 또는 세로 방향으로 3개씩 모두 묶어 보시오.

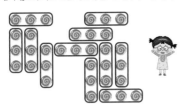

03 그림 카드의 오른쪽에 거울을 세워 놓고 보았을 때 보이는 모양을 찾아 기호를 써 보시오. 🗗

㉮   ㉯

㉰   ㉱

04 주어진 그림을 만들기 위해 필요한 투명 카드 2장을 찾아 기호를 써 보시오.
㉯, ㉱

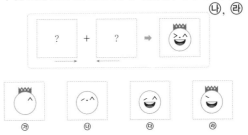

㉮   ㉯   ㉰   ㉱

8

9

---

01 가장 큰 조각부터 들어갈 자리를 찾아 모양을 완성합니다.

예시답안

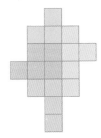

TIP 주어진 조각을 뒤집거나 돌려서 만든 모양이 같은 경우도 정답으로 봅니다.

02 ◎를 넣어서 묶는 방법은 1가지이므로 ◎를 넣어서 묶을 수 있는 것부터 3개씩 묶습니다.

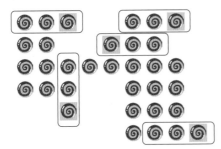

03 그림을 네 부분으로 나누어 비교합니다.

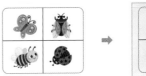 

04 주어진 그림 중에서 얼굴의 코가 있는 ㉯는 반드시 필요합니다. 투명 카드 ㉮와 ㉯를 겹치면 왼쪽 눈과 입이 완성되지 않고, ㉯와 ㉰를 겹치면 왕관이 없으므로 그림을 완성할 수 없습니다. ㉯와 ㉱를 겹치면 그림이 완성됩니다.

평가

05 같은 모양의 조각을 여러 개 사용하여 꽃 모양을 완성해 보시오.

06 토끼 2마리가 똑같은 모양으로 땅을 나누어 가지려고 합니다. 4가지 방법으로 나누어 보시오.

예시답안

10

07 점선을 따라 투명 종이를 접었을 때 나타나는 모양을 그려 보시오.

08 그림의 오른쪽에 거울을 세워 놓고 보았을 때 어떤 모양이 나타나는지 그려 보시오.

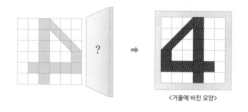

〈거울에 비친 모양〉

11

---

05 노란색으로 색칠한 칸에 조각을 넣어서 모양을 그려 보고, 나머지 모양을 완성합니다.

06 작은 네모가 12칸이므로 6칸씩 나누어야 합니다.

예시답안

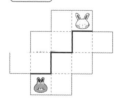

07 파란색 선이 있는 면을 오른쪽으로 접었으므로 왼쪽과 오른쪽이 서로 바뀌어야 합니다.

TIP 실제로 반투명 종이에 각 모양을 그려 겹쳐 보는 활동을 함으로써 도형에 대한 이해를 도울 수 있습니다.

08 빨간색으로 색칠한 부분을 먼저 그리고, 나머지 부분을 차례대로 그려 봅니다.

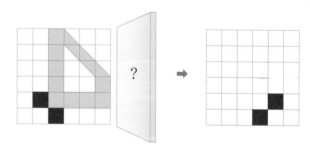

09 투명 카드 3장을 겹쳐 오른쪽 모양을 만들려고 합니다. 필요한 투명 카드 3장을 찾아 번호를 써 보시오. ①, ③, ④

```
  ?   +   ?   +   ?   ⇒   ⊠
```

① ② ③
④ ⑤

10 도장을 찍었을 때 글자 '만'이 나오는 도장을 만들려고 합니다. 도장을 어떻게 새겨야 할지 그려 보시오.

ᄆ만 ⇒ 만

수고하셨습니다!

정답과 풀이 47쪽 ▶

09

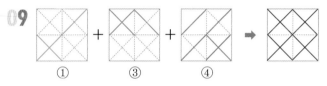

① ③ ④

TIP 실제로 반투명 종이에 각 모양을 그려 겹쳐 보는 활동을 함으로써 도형에 대한 이해를 도울 수 있습니다.

10 도장도 왼쪽과 오른쪽이 바뀌어 찍히므로 거울에 비친 모양과 같습니다. 왼쪽과 오른쪽이 서로 바뀌도록 글자를 써 봅니다.

형성평가 **문제해결력 영역**

01 사탕 20개가 있습니다. 선우가 라은이보다 2개 더 많이 가지도록 나누었을 때, 선우가 가지게 되는 사탕은 몇 개인지 구해 보시오. **11개**

02 구슬이 1개 담겨 있는 주머니와 구슬이 4개 담겨 있는 주머니가 합하여 5개 있습니다. 주머니에 담겨 있는 구슬이 모두 14개라고 할 때, 구슬이 1개 담겨 있는 주머니는 몇 개인지 그림을 그려 구해 보시오. **2개**

예시답안

03 문제 에 알맞은 상황 을 찾아 선으로 이어 보시오.

04 11명의 친구들이 줄을 서 있습니다. 민수가 뒤에서 여섯째에 서 있다면 민수는 앞에서 몇째에 서 있는지 구해 보시오. **여섯째**

14

15

---

01 먼저 선우가 2개 가져가고 남은 사탕을 똑같이 둘로 나누면 9개씩 묶을 수 있습니다.

따라서 선우가 가지게 되는 사탕은 9+2=11(개)이고, 라은이가 가지게 되는 사탕은 9개입니다.

선우   선우
 라은

02 모두 구슬이 1개 담겨 있는 주머니라고 생각하고 그림을 그려 보면 다음과 같습니다.

구슬이 4개 담겨 있는 주머니를 1개씩 더 그리면서 구슬이 모두 14개가 될 때를 찾습니다.

구슬이 4개 담겨 있는 주머니는 3개, 구슬이 1개 담겨 있는 주머니는 2개입니다.

03 문제에 필요한 상황을 찾아 선으로 이어 본 다음 연결하여 읽어 보았을 때 문제가 완성되는지 확인해 봅니다.

• 마카롱을 정호는 2개, 지유는 1개 먹었습니다. 정호와 지유가 먹은 마카롱은 모두 몇 개입니까?
• 지유는 빵집에 가서 마카롱 3개, 쿠키 5개를 샀습니다. 지유가 산 마카롱과 쿠키는 모두 몇 개입니까?
• 빵집에 마카롱은 20개, 쿠키는 10개 있습니다. 빵집에 있는 마카롱은 쿠키보다 몇 개 더 많습니까?

04 친구들은 모두 11명이고, 민수가 뒤에서 여섯째에 서 있으므로 민수 앞에는 5명이 서 있습니다.

민수

따라서 민수는 앞에서 여섯째에 서 있습니다.

05 연우가 재경이에게 색종이 3장을 주면 두 사람의 색종이 수가 8장으로 같아집니다. 연우와 재경이가 처음에 가지고 있던 색종이는 각각 몇 장인지 구해보시오. **연우: 11장, 재경: 5장**

06 그림을 보고 덧셈 또는 뺄셈을 이용하여 답이 '1개'인 문제를 만들어 보시오.

[예시답안] [문제] 배는 3개, 바나나는 4개 있습니다.
바나나는 배보다 몇 개 더 많습니까?

[식] 4−3=1   [답] 1개

[예시답안] [문제] 배는 3개, 바나나는 4개 있습니다.
배는 바나나보다 몇 개 더 적습니까?

[식] 4−3=1   [답] 1개

16

[07~08] 도형을 보고 물음에 답해 보시오.

07 주어진 기준에 따라 분류하여 표를 완성해 보시오.

	원	삼각형	사각형
무늬가 있는 도형	2 개	2 개	2 개
무늬가 없는 도형	3 개	2 개	2 개

08 07의 표를 보고 바르게 설명한 사람을 찾아 이름을 써 보시오. **이한**

정훈: 무늬가 있는 사각형은 3개입니다.
태하: 원은 삼각형보다 3개 더 많습니다.
이한: 무늬가 없는 도형은 무늬가 있는 도형보다 더 많습니다.

17

05 재경이가 받은 색종이 3장을 돌려주면 연우와 재경이가 처음에 가지고 있던 색종이의 수를 알 수 있습니다.

06 배는 3개, 바나나는 4개, 감은 6개 있습니다.
4−3=1이므로 바나나의 개수와 배의 개수의 차를 묻는 문제를 만들 수 있습니다.

07 • 무늬가 있는 원: 2개
• 무늬가 있는 삼각형: 2개
• 무늬가 있는 사각형: 2개
• 무늬가 없는 원: 3개
• 무늬가 없는 삼각형: 2개
• 무늬가 없는 사각형: 2개

08 정훈: 무늬가 있는 사각형은 2개입니다.
태하: 원은 5개, 삼각형은 4개이므로 원은 삼각형보다
5−4=1(개) 더 많습니다.
이한: 무늬가 없는 도형은 7개, 무늬가 있는 도형은 6개이므로 무늬가 없는 도형은 무늬가 있는 도형보다 더 많습니다.

09 금붕어 11마리를 기르고 있습니다. 큰 어항에서 기르는 금붕어는 작은 어항에서 기르는 금붕어보다 5마리 더 많을 때, 작은 어항에서 기르는 금붕어는 몇 마리인지 구해 보시오. **3마리**

10 다음 그림을 보고 덧셈 또는 뺄셈을 이용하여 풀 수 있는 문제를 만들고, 답을 구해 보시오.

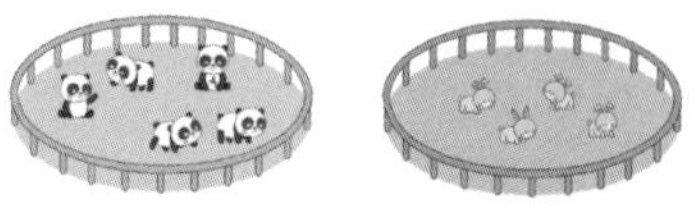

예시답안 [문제] 판다는 5마리, 토끼는 4마리 있습니다.
판다와 토끼는 모두 몇 마리입니까?
[식] 5+4=9   [답] 9마리

예시답안 [문제] 판다는 5마리, 토끼는 4마리 있습니다.
판다는 토끼보다 몇 마리 더 많습니까?
[식] 5-4=1   [답] 1마리

수고하셨습니다!

18

정답과 풀이 50쪽 ▶

---

09 먼저 11마리 금붕어 중 5마리를 큰 어항에 넣고, 남은 금붕어 6마리를 똑같이 둘로 나누면 3마리씩 묶을 수 있습니다. 따라서 작은 어항에서 기르는 금붕어는 3마리입니다.

10 판다는 5마리, 토끼는 4마리 있으므로 이를 이용하여 덧셈식 또는 뺄셈식을 만들 수 있습니다.
덧셈식은 합을, 뺄셈식은 차를 구합니다.

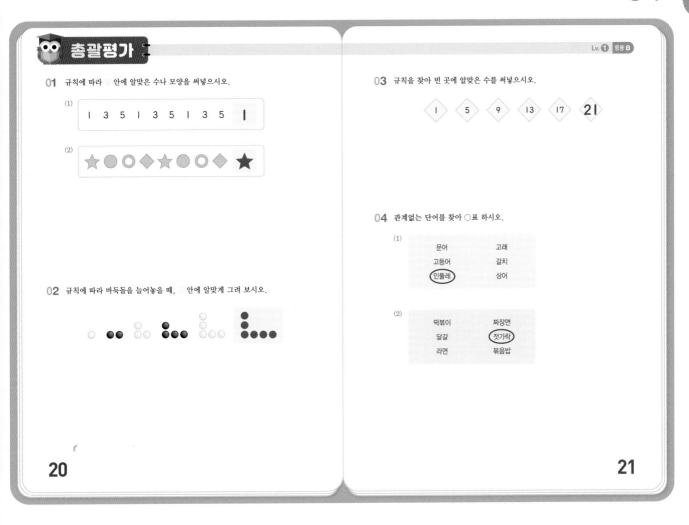

01 규칙에 따라 ☐ 안에 알맞은 수나 모양을 써넣으시오.

(1)

| 1 | 3 | 5 | 1 | 3 | 5 | 1 | 3 | 5 | 1 |

(2)

★ ● ○ ◆ ★ ● ○ ◆ ★

02 규칙에 따라 바둑돌을 늘어놓을 때, ☐ 안에 알맞게 그려 보시오.

03 규칙을 찾아 빈 곳에 알맞은 수를 써넣으시오.

⟨1⟩ ⟨5⟩ ⟨9⟩ ⟨13⟩ ⟨17⟩ ⟨21⟩

04 관계없는 단어를 찾아 ○표 하시오.

(1)

문어	고래
고등어	갈치
(민들레)	상어

(2)

떡볶이	짜장면
달걀	(젓가락)
라면	볶음밥

20

21

---

01 (1) 숫자가 '1, 3, 5'로 반복되는 규칙입니다.
(2) 모양이 '★, ●, ○, ◆'로 반복되는 규칙입니다.

02 개수는 오른쪽으로 1개, 위로 1개씩 번갈아가며 늘어나고 색깔은 '흰색, 검은색'이 반복되는 규칙입니다.

03 1부터 시작하여 4씩 커지는 규칙입니다.
➡ 17＋4＝21

04 (1) 민들레를 제외한 나머지는 바다에서 볼 수 있는 것입니다.
(2) 젓가락을 제외한 나머지는 먹을 수 있는 것입니다.

평가

05 주어진 조각을 모두 사용하여 오리 모양을 완성해 보시오.

예시답안

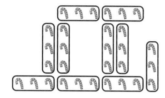

06 사탕이 남지 않도록 가로 또는 세로 방향으로 3개씩 모두 묶어 보시오.

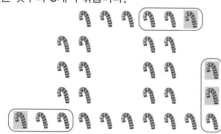

07 투명 카드 2장을 겹쳐 오른쪽 모양을 만들려고 합니다. 필요한 투명 카드를 찾아 기호를 써 보시오. **라**

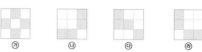
㉮   ㉯   ㉰   ㉱

08 두 사람이 가진 연필의 수가 같아지려면 주원이가 성현이에게 연필을 몇 자루 주어야 하는지 구해 보시오. **3자루**

주원   성현

22   23

---

05 주어진 조각을 회전시켜 보면서 모양을 완성합니다.

예시답안

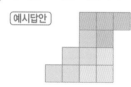

TIP 주어진 조각을 뒤집거나 돌려서 만든 모양이 같은 경우도 정답으로 봅니다.

06 🍬을 넣어서 묶는 방법은 1가지이므로 🍬를 넣어서 묶을 수 있는 것부터 3개씩 묶습니다.

07

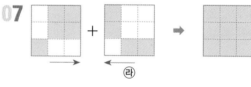

TIP 실제로 반투명 종이에 각 모양을 그려 겹쳐 보는 활동을 함으로써 도형에 대한 이해를 도울 수 있습니다.

08 성현이에게 주어야 하는 연필에 ✕ 표시 하면서 세어 봅니다.

주원   성현

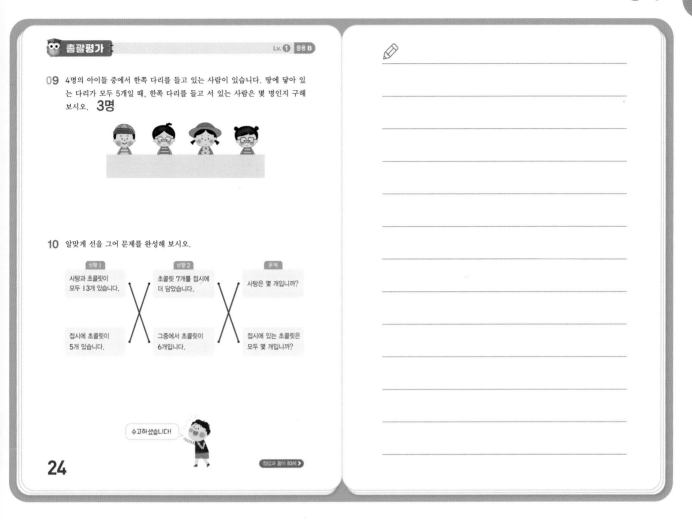

총괄평가

09 4명의 아이들 중에서 한쪽 다리를 들고 있는 사람이 있습니다. 땅에 닿아 있는 다리가 모두 5개일 때, 한쪽 다리를 들고 서 있는 사람은 몇 명인지 구해 보시오. **3명**

10 알맞게 선을 그어 문제를 완성해 보시오.

상황 1	상황 2	문제
사탕과 초콜릿이 모두 13개 있습니다.	초콜릿 7개를 접시에 더 담았습니다.	사탕은 몇 개입니까?
접시에 초콜릿이 5개 있습니다.	그중에서 초콜릿이 6개입니다.	접시에 있는 초콜릿은 모두 몇 개입니까?

수고하셨습니다!

24

정답과 풀이 53쪽 ▶

---

09 아이들이 4명이므로 다리는 8개여야 합니다. 땅에 닿아 있는 다리는 5개이므로 한쪽 다리를 들고 서 있는 사람은 3명입니다.

10 문제에 필요한 상황을 찾아 선으로 이어 본 다음 연결하여 읽어 보았을 때 문제가 완성되는지 확인해 봅니다.
- 사탕과 초콜릿이 모두 13개 있습니다. 그중에서 초콜릿이 6개입니다. 사탕은 몇 개입니까?
- 접시에 초콜릿이 5개 있습니다. 초콜릿 7개를 접시에 더 담았습니다. 접시에 있는 초콜릿은 모두 몇 개입니까?

MEMO